这样做　你就会想开了

一本能扫除你负面情绪的疗愈典籍

负面情绪的逆思考术

[日]小田全宏 著
黄熳 译

SPM 南方传媒 | 广东经济出版社
·广州·

图书在版编目（CIP）数据

负面情绪的逆思考术 / (日)小田全宏著；黄墁译．—广州：广东经济出版社，2022.7
ISBN 978-7-5454-8359-8

Ⅰ．①负… Ⅱ．①小… ②黄… Ⅲ．①情绪－自我控制－通俗读物 Ⅳ．①B842.6-49

中国版本图书馆CIP数据核字（2022）第085192号

版权登记号：19-2019-146

出 版 人：李 鹏
责任编辑：陈念庄 刘雨曦
营销编辑：李泽琳 江嫔嫔
责任技编：陆俊帆
封面设计：朱晓艳

负面情绪的逆思考术
FUMIAN QINGXU DE NI SIKAO SHU

出版人	李 鹏
出 版 发 行	广东经济出版社（广州市环市东路水荫路11号11～12楼）
经 销	全国新华书店
印 刷	佛山市迎高彩印有限公司（佛山市顺德区陈村镇广隆工业区兴业七路9号）
开 本	787毫米×1092毫米 1/32
印 张	5.25
字 数	79千字
版 次	2022年7月第1版
印 次	2022年7月第1次
书 号	ISBN 978-7-5454-8359-8
定 价	48.00元

图书营销中心地址：广州市环市东路水荫路11号11楼
电话：（020）87393830 邮政编码：510075
如发现印装质量问题，影响阅读，请与本社联系
广东经济出版社常年法律顾问：胡志海律师

序　言

在生活中我们会因为遇到许多烦恼和忧虑的事而感到不愉快，例如因为人际关系的矛盾和工作的压力而闷闷不乐，总是后悔当初不该那么做，对未来感到深深的焦虑……或许，你也有这样的情绪吧？如果对这些消极情绪放任不管，它们可能会让你变得行事暴躁，甚至对你的整个人生都造成消极的影响。

如果我们在了解大脑特点的前提下，根据自己的目的训练大脑，采取适当方法，就能轻松地控制消极的、不快的情绪，并且只要合理使用大脑，就能增长积极的情绪。所谓方法，就是我提出的“大脑训练法”。

事实上，发生的事情本身是没有好坏之分的，关键看大脑如何认知这件事，也就是说，大脑的使用方式决定了事物的幸或不幸。在本书中，我想谈一谈如何通过训练大脑来控制消极情绪，从而帮助人们开启崭新的人生。

首先，我先进行简单的自我介绍。

大学毕业后我进入了松下政经塾学习，在松下幸之助老师的指导下开始研究人文教育。之后，我创建公司，开展人才教育业务，通过组织企业研修和讲座的方式宣传“阳转思考”（积极思维方式）的理念。这个理念简单来说，就是人要像太阳一样积极地看待事物，接受人生中的一切境遇，常怀感恩之心，尽力而为。人生总有悲欢离合。人免不了出现积极和消极的情绪，首先我们要接受这个事实，然后探索各种各样的可能性。

从2014年开始，我开设了有关记忆方法的“活跃大脑研讨课”。这个研讨课不仅教大家如何提高记忆能力，还在锻炼记忆力的同时，通过训练想象力和集中注意力，充分地激活大脑。每天看着那么多各年龄层的学员听完研讨课后都发生了变化，我切实感受到，只要人们稍微改变大脑的思考方式，不仅能提高记忆能力，还能获得前所未有的自信，最后还可能让人生大放光彩。

其实，本书介绍的“大脑训练法”也包含了一直以来我所提倡的“阳转思考”和“活跃大脑研讨课”的观点。

“大脑训练法”的内容可以分为两大类：一类是减少烦恼、焦虑、愤怒等消极情绪，或将其转化成积极情绪；另一类是增长满足、快乐等积极情绪。这两种方法都很巧妙地利用了大脑的机制。大脑也是身体的一部分，因此，我们要像锻炼肌肉一样积极地锻炼它，让它养成好习惯。这样，我们就能控制大脑，使它按照我们的想法运行。

本书列举了很多训练大脑的方法。我希望大家不只是单纯地读书，而是能学会切实地使用这些方法，将其反复记忆并用于实践，尽可能消除人生中的消极情绪，增长积极情绪。

如果你在学习本书后能开启一段更加欢乐多彩、一帆风顺的人生，那将是我莫大的荣幸。

目　录

Contents

第一章　巧妙利用大脑机制训练大脑

每个人的大脑构造基本都一样，只是使用方法有所不同 / 002

如果丢了一个装有5万日元的钱包，你会作何感想 / 005

只有人类才会有时间和空间的概念 / 007

大脑的运作都是为了追求“愉快”而避免“不快” / 009

训练大脑的7个步骤 / 011

驱动大脑的关键就是拥有敢于尝试一切的心态 / 020

你会如何摆脱困境 / 023

第二章 控制“愤怒”带来的不快

出现消极情绪的原因是理想和现实之间存在差距 / 028

因为对方没有达到自己的期待而愤怒 / 030

不论多么德高望重的人都会有愤怒的时候 / 032

不被愤怒左右，尽可能消灭它的方法是什么 / 034

用“灵魂出窍法”获得一时的缓和 / 036

瞬间收紧臀部，就能消解愤怒吗 / 039

利用“骷髅13法”躲避流言蜚语 / 040

从简单的小事中学习道理，仔细品味结果 / 041

改变自己的观点，愤怒就会消失 / 044

即使愤怒，有损失的也仍然只有自己 / 046

想和对方沟通时可以通过“我的信息法”传达自己的感想 / 048

第三章 控制“责任感”带来的不快

无须减少责任感，而是要改变责任感的性质 / 054
用“做吧法”将责任感转换成喜悦感 / 057
“做吧法”加上“微笑”，增加仪式感 / 059
没有人会去做无聊的工作 / 062
大脑训练法分为“登山型”和“顺流而下型” / 065
用“小步法”享受一小步的愉悦 / 068
搁置的东西会成为大脑的垃圾，所以要避免搁置 / 070
忙碌的本质就像沙漏一样 / 072

第四章 控制“后悔”带来的不快

控制后悔情绪的关键不是“过去”而是“现在” / 078

用“这样就好法”，不囿于过去 / 080

可以补救的后悔是即刻采取行动 / 082

“自我重要感”低的人容易后悔 / 084

“无条件接受法”是最有效的 / 086

有起伏的人生会更加丰富 / 088

第五章 控制“不安”带来的不快

不安源于防卫本能 / 094

做好准备，用“听天由命法”忘记不安 / 096

隐藏在“只是不够认真”这种想法背后的真相 / 098

“子规不鸣”也无妨 / 100

记录并整理带来不安情绪的具体事情 / 102

用“实现自我的预言法”避免变得更加不安 / 104

改变物理氛围，大脑就会恢复如常 / 106

第六章 控制“不满”带来的不快

不满源于和他人的比较 / 112

用“知足法”降低幸福标准，不满情绪也会随之消失 / 114

“知足”和“嘴硬”有什么不同 / 116

记录心中的“感谢”“喜悦”“希望”，每天都会很满足 / 118

用“禁止说不行和太难法”约束自己 / 120

探寻积极的“情感表达词”并说出来 / 122

充分品味“悲伤”和“寂寞” / 124

第七章 进一步增长积极的情绪

获得金牌的喜悦能持续多久 / 130

“快乐”源于自己“喜欢的东西” / 133

用“音响增幅法”获得更多的快乐 / 135

目的是获得的“快乐”，目标是成功的“影像” / 138

没有马上明确“目标”的影像也无妨 / 141

为他人带去幸福，你也能获得幸福 / 143

突破自我的快乐能让你获得巨大成长 / 145

结语 / 147

换个角度看问题，
也许问题就不是问题了

第一章

巧妙利用大脑机制训练大脑

每个人的大脑构造基本都一样，只是使用方法有所不同

改变大脑的使用方式、记忆方法以及心态，我们的人生也会发生重大改变。我每天都在见证这些事情的发生。这么说是因为，像序言里提到的，我正在各地开展激活大脑力量的“活跃大脑研讨课”。

做这一切的契机源于我和福冈大学老师们的交谈。老师们说：“现在的学生因为记不住东西，刚开始学习就想放弃，我们得想想办法。”我知道改变大脑的使用方式可以提高学习能力和记忆能力，因此向他们提议：“那就帮助学生掌握记忆方法，从树立自信开始。”随之我便开始举办关于提高记忆能力的讲座，也就是“活跃大脑研讨课”。

研讨课的学员覆盖各个年龄层，从十岁的小学生到八九十岁的老年人。学员在研讨课上掌握了记忆方法后，能在一天之内记住几百个单词或者几十行数字，从未听闻的词句也能被轻松地装进大脑。其实记忆方法本身并没有那么深奥，其原理出现在大约2000年前的希腊时代，只是我的“活跃大脑”方法有一个特点，就是通过“记住”一

种体验而改变人生。

不管成绩多差的学生，只要记住了几百个单词，当别人问“你很聪明吧？”的时候，他就会两眼放光地回答：“是的，我是天才。”他的人生也会变得更加顺利。刚才我提到了“改变人生”，也就是说，通过“活跃大脑”，我们不仅可以单纯地提高记忆能力，还能“改变活法”。

如果告诉自己“我能行”“我是天才”，拥有自信，我们的生活方式也会发生戏剧性的改变。不管出现什么消极情况，只要我们拥有自信，就能在一定程度上克服困难，告诉自己“我能行”，用自信安抚内心，从而变得更强，向前迈进。相反地，如果我们缺乏自信，想做一些事时就会担心可能失败而变得消极，如果总觉得“我不行”“我不能”，什么事情也改变不了，也无法勇往直前。

当然，迈出一步也有可能失败。作家曾野绫子曾说“做了就能成”，但我觉得不全是如此。很多事情我们努力做了却还是失败，但即使是失败，只要拥有自信，就能拥有再次发起挑战的动力，只要增强自信心，积极地对待事物，就能获得更多的机会，人生也会变得更美好。

这就是我提倡“活跃大脑”的目的。

话说回来，无论是十岁的小学生还是八九十岁的老年人，只要是参加过“活跃大脑研讨课”的人，最后都记住了几百个单词或几十行数字。重点是“只要”这个词。说得通俗点，无关头脑、记忆力、年龄和学历，他们对单词或数字的记忆能力都达到了同样的程度。因此可以得出结论，人类的大脑构造基本都一样。

尽管如此，依然有的人聪明、工作能力强、记忆力超群，有的人却很一般。他们的区别就在于大脑的使用方法不同。如果不知道肌肉的使用方法，就无法快速奔跑或拿起重物。但如果能正确地锻炼肌肉并坚持下去，养成健身的习惯，就能跑得更快，拿起更重的东西。对于大脑来说也是如此，大脑是我们身体的一部分，要像锻炼肌肉一样积极地锻炼它，并养成好习惯。这样我们就能控制大脑，让它按照我们的想法运行。

“活跃大脑研讨课”就是通过让人们拥有惊人的记忆体验，让人们切实地感受到大脑是可以被训练的。

如果丢了一个装有5万日元的钱包，你会作何感想

虽然我认为，人们可以通过训练大脑来控制大部分行为，但总有些事情是人们无法控制的，即生理上的东西。比如，人们憋急了特别想去上厕所的时候，虽然大脑告诉自己现在不应该去厕所，但膀胱中已经储存了很多尿液，尿意已经无法被抑制了；再比如，当人们身负重伤，伤口突然裂开的时候，就算大脑告诉自己不痛，痛觉也仍然存在；想睡觉的时候亦是如此。

生理上的需求自然有它存在的（身体）原因，即便再怎么训练大脑也是无法控制的。但是一些不快的情绪，比如担心“不知道该怎么办”、后悔“早知如此何必当初”、因为愤怒和嫉妒而想着“我绝对饶不了他”等，所有这些消极情绪都是由大脑创造出来而非身体固有的。可能有人会认为：“不，这些不快的情绪都是由讨厌的人引起的，跟生理需求一样都不可控制。”

然而，消极情绪真有实体存在吗？我经常举这样一个例子来说明。

假设你丢了一个装有5万日元的钱包，你自然会想“怎么搞的？真是不走运！为什么我没把钱包好好放在包里呢？”，愤怒、后悔、不甘、悲伤等强烈的消极情绪席卷而来。但如果你回家后发现房子着火了，你会怎么想呢？好不容易盖起来的房子变成了废墟。这时候你内心产生的就不再是丢钱包时的小情绪了。再说得严重些，当别人告诉你，你的孩子正在这熊熊燃烧的房子里，你又会怎么做呢？再次受到打击的你就会想，就算房子都烧没了，财产都丢光了，只要保住孩子就好了。然后你冲进熊熊大火，拼命地抱起哭喊着的孩子，房子在你逃出来的一瞬间就崩塌了，但你怀里的孩子平安无事。“太好了，救出来了。感谢上帝，我真是太幸运了！”你抱着孩子喜极而泣。咦？之前丢钱包时的愤怒、后悔、不甘等消极情绪早已不知不觉地转变成了“太好了，孩子救出来了，我真幸运”的积极情绪。

在我们的认知中，这些事情孰好孰坏？根据大脑对情况的判断，得出的答案也是完全不同的。比起孩子能幸存下来，丢钱包的事情根本不值一提。虽然这个例子比较极端，但大家应该也明白了，消极情绪并非存在的实体，而是大脑在特定时间产生的“判断方式”，换句话说，不过是个“故事”。

正因为如此，大脑的判断方式可以通过训练得到控制，不管是多么消极的“故事”都能被转化成其他“故事”。

只有人类才会有时间和空间的概念

因为人类有时间和空间的概念，所以有的时候人们会想“当初不那么做就好了”“以后怎么办啊”“正因为这么做才酿成现在这个后果”，才有了情感和因果的关系。这是人类的特性，其他任何生物都不具备。

无论是狗、猴子还是狮子，虽然它们都有生理上的欲望，但也只对“当下”这个时间节点有概念。它们饥饿时会想吃东西，出现外敌时会提高警惕，也希望得到同伴的关爱，这些都是“当下”的需求，而不会去想“这样可以吧”“那时候吃那块肉就好了”“十年后我会怎么样呢”，更不会去考虑“我不够聪明”“都怪那个谁我才失败了”“我要是那样做了就会是另一种结果吧”。

只有拥有时空概念的人类大脑，才会对未来产生不安，对过去产生悔恨等。反过来说，正是因为有这样的能力，我们才会树立人生目标，为了未来而学习、反省，创造各自的人生。创造人生的过程中会产生许多烦恼，只有会创造人生的人才有心烦意乱的情绪，甚至可以说，这是人类的专属能力。但如果人类对这种能力放任不管，大脑就容易创造出消极的“故事”，原因就在于大脑记住了过去的消极经历和当时的消极情绪。

刚出生的婴儿是没有烦恼的。我从未见到过充满悔恨或者觉得自己低人一等的婴儿。为什么人们明明在婴儿时期没有烦恼，却会随着成长产生烦恼等消极情绪呢？这是由个人经历决定的。得不到、做不到、被斥责等消极经历和与他人比较的失败体验转化为自卑感、不安和后悔的情绪。也就是说，人们过去的记忆束缚着现在的自己。烦恼本身是没有实体的，它只是大脑产生的一种消极情绪，过去的不成功只是单纯的记忆，它并不会决定现在或未来的不成功。

让我们再回顾一下丢钱包的例子吧。

在庆幸孩子得救的时候，“为什么把钱包丢了”这一后悔和不甘的情绪早已消失殆尽。消极情绪会随着我们看待事物的态度的变化而改变，它们并不存在实体。因此，为了让大脑创造愉快的“故事”，我们必须对大脑进行训练。

那么，究竟应该如何训练大脑呢？

大脑的运作都是为了追求“愉快”而避免“不快”

要训练大脑就必须知道大脑的运行机制。其实大脑的运行机制十分简单——追求“愉快”，避免“不快”，仅此而已。大脑根据这个原则来决定一切行为，无一例外。

如此一来，就会出现这样的疑问：比如当别人要求我们去做一份不太喜欢的工作时，我们还是会勉强做下去，这既不是为了追求“愉快”，也不是为了避免“不快”（因为做不喜欢的工作就是“不快”的事情），那不就不符合大脑的原则吗？这么想有一定的道理，但事实并非如此。即便我们做着不喜欢的工作，也是因为听从了大脑的指令而行动。如果拒绝了这份不喜欢的工作会怎么样呢？也许会受到上司的指责，导致自己的风评变差，甚至还可能被公司炒鱿鱼。因此，人们正是为了避免这些“不快”的事情发生才接受了不喜欢的工作，进一步说，做自己不喜欢的工作是为了避免更“不快”的事情发生。

我们设想一个情景：一个强盗掏出手枪并威胁你交出钱包。你不愿意交出钱包，但更不希望中枪。因此，为了避免发生丢掉性命这件“不快”的事，你只能把钱包交给强盗。

在追求“愉快”这一点上也有类似的例子。运动员进行艰苦的训练（也就是“不快”）是为了获得比赛胜利这份“愉快”；考生放弃最爱的游戏和娱乐项目通宵学习，是为了获得考上自己向往的学校这份“愉快”。虽然每件事都存在着痛苦和不情愿等“不快”的因素，但人们会为了获得更大的“愉快”而付出行动。

那么，再来思考一个问题。我们如何追求“愉快”，避免“不快”呢？方法只有两种。

（1）直接得到会给我们带来“愉快”的东西，或直接除去会给我们带来“不快”的东西；

（2）让大脑感到“愉快”，或让大脑避免感到“不快”。

方法（1）具有即时性，效果也很显著，但有的时候实现起来比较困难。当我们开法拉利时虽然能感到快乐，但法拉利并不是随便就能得到的东西。虽然上司很招人讨厌，但只要我们不换工作，就无法让他从眼前消失。这时候就只能采用方法（2），即改变大脑的判断方式。

假设我们已经处在一种“不快”的状态中，大脑对“不快”的感受程度是100分，如果能将其降到10分或3分，即便“不快”的状况没有发生改变，“不快”的情绪也能有所减少。只要学会训练大脑，我们就能像以上描述的那样减少消极的情绪。

接下来我将介绍一些训练大脑的方法。

训练大脑的7个步骤

利用大脑的构造，为了减少消极情绪，或是增加积极情绪，可以按照以下7个步骤来训练大脑。

我提出的“大脑训练法”以掌握理论为基础。在掌握理论之后，如果能顺利地实践理论就更好了，不过很难一

次就实践成功。因此，如果失败了就要从头开始，再次实践。尝试过几次实践并成功之后，感受“我做到了”“太棒了”这些成就感也是很重要的，即让大脑充分地体验“愉快”的感觉。充分感受“愉快”之后就要有意识地继续实践，即便成功地实践了一次，如果不反复练习也有可能会失败。最后，做到在没有意识的状态下也能自发地达到实践效果，到这一步，训练大脑的步骤就结束了。不需要思前想后，“不快”的消极情绪就能得到控制。

顺便说一句，这些步骤不仅仅适用于大脑训练法，也适用于所有的规则、训练和学习方法。其基本方法是反复训练，达成效果之后再无意识地继续实践。这种方法在所有训练中都是最基础也是最通用的。

从第二章开始，我会介绍控制各种“不快”情绪的方法。在掌握这些方法之前，我们先来学习训练大脑的这7个步骤。

1 掌握理论——正确性很重要

理论内容虽然只有短短几行字，但如果没有对其进行正确的理解，就会误入歧途。比如你在着手做一件事之前，会先请教专业人士。为了正确地理解理论，聆听者（你）和讲解者（专业人士）需要达成共识，这一点尤为重要。即便讲解者自己明白理论的含义，但也可能因为没有传授到位而使聆听者产生了错误的理解。

我曾经就有过一次非常遗憾的失败经历。

我特别喜欢打乒乓球。曾经有幸获得了一次和国家级选手交锋的难得机会，所以就拜托了一位专业摄像师朋友拍摄赛况。我告诉他："这次可是和很厉害的选手打球，你可要好好拍哦！"作为一名专业摄像师，他相信自己一定能拍好。但我看到拍出来的视频之后，目瞪口呆，画面中只有往返跳跃的乒乓球，却没见半个人影，很难看出双方运用了什么球技，对方又是怎么回球的，也丝毫看不出比赛的状况。摄像师并没有提前告诉我他理解的信息，他一边说着"我会好好拍的"，一边站在球桌的正侧面认真地拍下了乒乓球来回弹跳的样子。可能对于他来说，需要好好拍下来的是乒乓球的来去情况，而我希望好好拍下来的是有人出现的赛况。

因为两个人对于"拍好"的理解有偏差，所以造成了这个遗憾的结果。我应该在最初就告诉摄像师："要从这个角度把两个人都拍进去。"作为讲解者的我没有很好地向聆听者表达我的意思，导致对方没有正确地理解我的想法。反之，聆听者也没有正确地表达自己错误理解的信息。

这之后，我又有幸和获得过奥运会个人赛铜牌、团体赛银牌的选手水谷隼一起打球，那次拍摄的视频就令我很满意。如此，再三确认自己是否正确地理解了所获得的知识和理论是一件至关重要的事情。接下来，在正确理解理论的基础上再迈向下一步吧。

2 实践——没有尝试过就没有意义

然而，仅仅了解理论也是起不到任何实际作用的，只有实践才能实现理论的意义。接下来，我又要举乒乓球的例子了。

那时候我跟着一个教练学习打乒乓球，他教我如何扣球和打旋转球。扣球就是先把球拍立起来，用球拍的一面用力地扣回球，而打旋转球是将球拍放倒，擦着球将其打回去，此时乒乓球就会旋转着前进，这种打球方法的威力仅次于扣球。

扣球的时候要将球拍立起来，而打旋转球时要将球拍放倒，我懂为什么要这么做的道理，但教练却说我在扣球的时候也把球拍放倒了。我反驳道："不，没有的事。我明明很好地把球拍立起来打的。毕竟扣球就是这样的。"教练却回答我："不是，你的球拍向下倾倒了。""不，不可能。"我开始抬杠。既然如此，我就把自己打球的样子拍摄下来。看到录像的我大吃一惊，如教练所说，我在扣球的时候十分自然地向下放倒了球拍。

由此可见，有时候即便我们很熟悉理论，但在实际操作时也可能遭遇失败。

负面情绪的逆思考术

悩のしつけ

可以再尝试第五次，第五次失败了还能挑战第六次。像这样有意识地持续训练，让大脑养成习惯很重要。

7 无意识地继续——即便失败也能重新振作

即便失败也没有关系，希望大家能有意识地继续坚持训练。通过不断、反复的实践，失败的次数也会慢慢减少。即便刚开始尝试四次，其中三次都失败了，坚持一段时间后，也能连续两次成功，再坚持就能连续三次取得成功，像这样慢慢地步入正轨。到了一定程度后，就算我们没有意识到这是一件自己想做的事，也能无意识地实践并获得成功。这就是大脑能够被训练的证据。

当然，训练完大脑后，即使我们能够无意识地控制消极情绪，也依然有可能遭遇失败。即使失败了，再次实践的时候，我们的大脑也能像之前接受训练时一样进行自主控制，因此无须担心。重点就是要“坚持”和“不怕失败”。

驱动大脑的关键就是拥有敢于尝试一切的心态

从第二章开始，我会详细地介绍训练大脑的方法。在那之前，我希望大家先记住一件事：在思考之前，先给大脑做个热身运动。在锻炼身体之前做热身运动会使锻炼更有效，同理，如果能给大脑做个热身运动，就能使训练事半功倍。

要说大脑达到哪种状态会比较好，那就是产生“想做”“想尝试”“无论如何也想这样”的想法，即提高干劲。这一点参考体育运动和学习时的心态就会很容易理解。“兴趣是最好的老师”，相比于怀着抗拒心理，拥有“想做”“想尝试”“无论如何也想这样”的想法能使人更快获得成功。

不过，在充满干劲儿的前提下，树立自信心也是十分必要的。如果总想着“反正自己也做不好”，是不会有干劲儿的。人们只要有自信，很快就能产生“想做”“想尝试”的欲望。我希望大家在学习“活跃大脑研讨课”之后不仅掌握记忆事物的方法，还能通过记忆事物获得自信。

人们拥有了自信心，就能更有效地训练大脑。所以，请大家在训练大脑之前，树立“自己能够做到”的自信心。

可能有人会想：“就算你突然要求我有自信，我也不知道从何处找到自信啊。”当然，出现这种情况也不用担心。只要对如何控制消极情绪保持兴趣、关注度和好奇心就行了，它们都是自身意识的产物。我相信，大家之所以已经开始读这本书，也是因为对本书的主题抱有很大的兴趣和关注度吧。这样就够了，之后只要强化这份态度就行了。

如果能对人生说出“这种事是无所谓的”，那么所有的事情都将变得无所谓。就算不关心任何事，人也不会两腿一蹬就离开人世，所以即使抱着无所谓的态度敷衍度日，人生也依旧不会停止。但如果选择了这种消极的人生方式，大脑就会完全像个摆设一般，大脑不动，就无法接受训练，消极的情绪就不能得到控制，积极的情绪也无法增长，人生只会朝着消极的方向前进。

我觉得比起消极的人生，大家应该更渴望拥有积极向上的人生吧。因此，大家一定要时刻保持对生活的关注和好奇心，这样才会产生想进一步了解事物的欲望，大脑动起来才能改变现状。

我有过这样的经历。大家应该知道富士山被列为世界遗产。其实在2003年有位社长拜托我，希望能以“推动富士山被列入世界遗产名录”为中心开展系列活动。起初，我对此不感兴趣，但经历了一些事后却不得不答应了这位社长的请求。既然决定要做了，自己就不能想着“不行”“做不到”“不想做”，否则大脑就运转不起来。我告诉自己，“我想让富士山被列为世界遗产，我一定能做到”，这样才开始了行动。终于，我的内心深处产生了想去做这件事的欲望，最后的结果大家也知道了。

反正都要做这件事，何不采取积极的态度告诉自己“我能行”“我想做”呢？

如此一来，大脑也会积极地转动起来，思考解决问题的办法。

你会如何摆脱困境

如果抱着“无论如何都想去做”的积极态度，大脑就会朝着这个方向思考。然后，我们就能找到一条出路。大脑就是拥有这样的能力。

我有过一次深切的体会。事情发生在某年冬天，我因公务来到札幌。因为第二天我还要在东京开展研修，所以我计划当天就乘飞机回东京。但就在前一天，东京下了一场史无前例的大雪，导致羽田机场被封锁，当时从新千岁机场到东京的航班都停飞了。负责研修工作的事务局当天给我打了电话，提议我既然暂时回不去，不如把明日的研修课程延期。

如果大家遇到这样的情况会怎么做呢？就此放弃明天的研修吗？我觉得为了那些等待我开展研修的学生们，无论如何都必须回到东京。于是我立刻找人帮忙查找是否还有回东京的电车，然而东北新干线已经停运，我也考虑过坐出租车，但高速公路也已全部被封锁，于是我又想到了邮轮，遗憾的是根本就没有从札幌出发的邮轮。

那该怎么办呢？如果是你，你会放弃吗？我是绝对不会放弃的。就在那时，我灵光一闪想到了一个好主意：羽田机场不行，那其他机场呢？如果能飞往还没有封锁的机场，然后乘电车去东京就行了。我立刻去查找，发现飞往名古屋和大阪的航班还有空余的座位，便立刻买了前往名古屋的机票，飞到名古屋后第二天再乘新干线回到东京。

这与大脑是否聪明毫无关系。即便是脑子聪明的人，如果一开始接到事务局的电话后就回复“嗯，我知道了，那就延期”，也不会想到从名古屋绕路的方法吧。是否能找到办法并不取决于你大脑的聪明程度，而是取决于你是否真的想达到目的。

一心想着“无论如何我都要做到”，那么大脑就会拼命思考。我希望大家能够明白，在处理一件事时，如果拥有“无论如何都想去做”“想做”“想那样”的积极意识，就会使最后的结果大不相同。

那么接下来我要问大家一个现实性的问题：假设去往名古屋和大阪的航班都是通行的但满座了，你会就此放弃吗？假如你有不能放弃的理由——你的一位重要亲人的性命危在旦夕，如果你不立刻回到东京就可能无法见到他最后一面，那么你会想什么办法回东京呢？

请命令你的大脑进行思考：“无论如何我都要回东京，如果我不回去，家人就有生命危险。”有答案了吗？请一定要转动你的大脑，好好思考。

你心平气和的样子真好看

第二章

控制“愤怒”带来的不快

出现消极情绪的原因是理想和现实之间存在差距

我们每天都会产生各种各样的负面情绪。如果分一下类，大致能将这些负面情绪分成五大类：愤怒、责任感、后悔、不安、不满。接下来，我们会循序渐进地学习控制愤怒情绪的方法。不过在这之前，我想先说明产生愤怒情绪的原因。

如果我们认为一种情况是消极的，肯定是出于对某种“现实”的看法。面对这种现实，我们心里会觉得“讨厌”或“不快”，于是便出现了消极的情绪。这样一来，我们就很容易将消极情绪的产生归因于消极的现实，但实际上并非如此，这也是非常重要的一点。产生消极情绪的原因是客观存在的“现实”与大脑原本认为的“应该存在的理想状况”出现了差距。

比如有一个人想减肥，他现在的体重是80千克，想瘦到60千克，理想和现实的差距是20千克。面对20千克的差距，这个人就会觉得厌烦，认为自己必须得减肥。但如果这个人是一个相扑运动员呢？就算他体重80千克也没有减肥的必要，增重反而可能更适合。又或者，他的女朋友喜欢胖一点的男生，并告诉他“我喜欢壮实的你”，那他也就没有必要瘦到60千克了。

其实，80千克的体重本身并不是绝对的“胖”或“瘦”，就算真的长到80千克也没有好坏之分。相比于80千克的体重，“现实的体重”和“自己希望达到的体重”这两者之间的差距才是问题所在。

那么为了解决这个问题，我们应该怎么做呢？方法有两个，但只能任选其一：

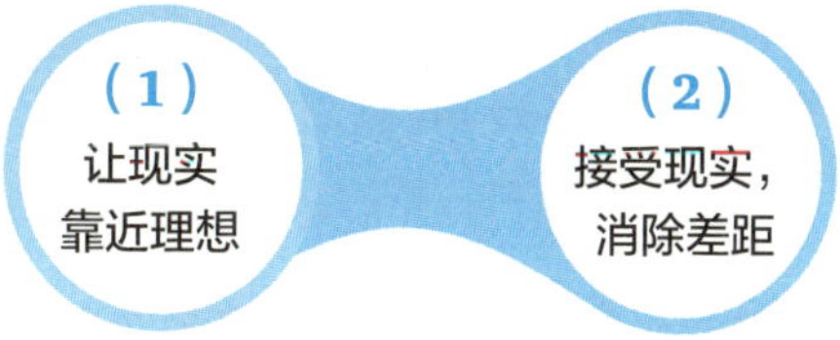

方法（1）很有效，但实际行动起来需要花费一番功夫。要想从80千克瘦到60千克，就必须减重20千克，这是一个非常艰辛的减肥过程，但只要意志坚定就一定能够实现目标。

方法（2）可以通过大脑的处理得以实现。因为提出理想体重的是大脑，所以无论使用哪一种方法，都是通过对大脑进行调控来解决问题的。训练控制大脑，这是处理所有消极情绪的基本原则。

因为对方没有达到自己的期待而愤怒

那么，我们应该如何控制在消极情绪中排行第一的愤怒呢？在这之前，我们先思考一下人为什么会愤怒。

假设一个人已经愤怒了，他就很容易产生“你应该按照我说的去做”这种潜意识的想法，自然会认为“我都帮你到这个份上了，你应该给我做出一个成绩”“这么做是对的，你该这么做”，但是别人不一定会按照他的想法行动。现实和理想的差距越大，负面情绪就会越多。

假设一个人认为人们绝对不能乱扔烟头，如果刚好有人在他面前随意丢掉一个烟头，他肯定会气恼，可能还会质问扔烟头的人“干吗呢？”。对于他来说，他想伸张不能在马路上乱扔烟头的正义，是为了守护他自己的“理想”。

然而，对于一个本身就习惯乱扔烟头的人来说又会怎么样呢？就算有人在他面前乱扔烟头，他也会熟视无睹，甚至可能都没注意到。因为他的心里不会产生“不能乱扔烟头”的“理想”。

当自己坚持的价值观和信仰被无视的时候，愤怒的情绪就会激增。如果一个人认为乱扔烟头就是犯罪，看到别人乱扔烟头一定会勃然大怒。可以说，否定自己的价值观和信仰等同于否定了自己存在的价值。自己极为珍重的价值观和信仰，也就是“理想”，应该受到他人的重视，然而现实却是被别人否定。这个差距就化为了愤怒。差距越大，愤怒就越强烈。

不论多么德高望重的人都会有愤怒的时候

每个人都拥有愤怒的能量，并且无法消除。在这个世上，无论是多么厉害的人都会愤怒。

就算是松下幸之助先生（日本松下电器的创始人）也不例外，据说他的秘书看到过他对妻子发火的样子。因为妻子先挂掉了松下幸之助先生的电话，他就在电话里大吼：“你凭什么挂我电话，蠢货！”就连松下幸之助先生那样的人都会对别人发火。

这是因为别人的做法没有达到自己的期望。尤其是家人、朋友、同事、上司等身边的人，更能让自己愤怒的情绪激增。我曾经和一些德高望重，被称为“前辈”的人打过交道，一起喝酒吃饭，互吐真言，但被当作榜样的他们也会对别人心生怒火，面露恼色。所以不管是看起来多么优秀的人，在某些人的面前也会表现出不耐烦的样子。

佛教中有个词语叫作“怨憎会苦”，指只有和讨厌的人相遇才会感受到的这种痛苦。如果一个人无论是在家里还是在职场，都没有遇到过让他讨厌的人，那么他真是相当乐观，甚至可以说是个怪人。我们应该明白，在人生中我们肯定会遇到令我们讨厌的人。有时候，出现了一个不合时宜的“家伙”，即使之后这个“家伙”机缘巧合地从你的生活中消失了，也还会有其他“家伙”出现。我们会从别人身上发现自己以前没有注意到的讨厌点，于是这个人也变成了你讨厌的“家伙”。

愤怒的情绪无法抹去，但可以加以控制，这是面对愤怒时最基本的思考方法。那么我们该如何控制愤怒呢?

不被愤怒左右，尽可能消灭它的方法是什么

我并不是想全盘否定愤怒的情绪。只要改变观念，为了做好自我防卫，人绝对有必要愤怒。当被人否定时，愤怒是人类保护自己的本能。愤怒是大多数生物都拥有的情绪：被敌人袭击时，狗会龇牙咧嘴地汪汪叫，猫会“喵”的一声威吓对方，这都是为了保护自己。可以说愤怒的情绪是生命体不可或缺的能量。

然而问题在于，人类总会受到愤怒情绪的影响，被其牵着鼻子走。猫虽然会威吓敌人，但如果敌人消失了，它就会瞬间忘却此事，狗也是如此。只有人类才会一直怀着愤怒的情绪，想着“我绝对饶不了那个家伙”“走着瞧”，然后愤怒的毒素会慢慢侵入心灵，导致人每天都过得不快乐。

虽然我们无法消除愤怒的能量，但必须防止愤怒的“毒素”进一步扩散。如果能将100分的愤怒值减少到50分，人生就会变得轻松许多；如果减少到10分甚至5分，人就基本不会感到愤怒了。当然，愤怒不能被完全消除。我

们不能像佛祖一样，任凭别人说什么都心如止水，也无法做到像基督教宣扬的那样，被人打了右脸还要转过左脸给他打。但我们能尽可能地减少愤怒，从而让自己从愤怒中解放出来。

在这一章，我们就来学习具体的方法。

用“灵魂出窍法”获得一时的缓和

愤怒值达到峰值是一瞬间的事。不管让他做什么，怎么劝说他，向他询问什么，人都有可能突然很愤怒。听闻松下幸之助先生在年轻时被别人叫作“热水锅炉”，就像锅炉被火点燃的瞬间，愤怒的情绪会突然涌上心头。

如果对愤怒的情绪放任不管，愤怒的“毒素”就会不断扩散。“可恶”“不可饶恕”“看不起我”等一些消极的能量随之增加，人就会变得痛苦。

我将在这种时候训练大脑的方法命名为“灵魂出窍法”，就是在察觉自己将要愤怒的时候，告诉自己的内心：“小田啊，现在真的是很生气呢！不过没关系，这种小事无大碍的。”

这么做就能让愤怒的情绪锐减？可能有的人会觉得很不可思议。

假设你在路上被别人撞了一下，对方却不道歉。“这家伙，明明自己撞过来的，却装作没看见的样子，真不可饶恕。”虽然在一瞬间你确实很气愤，但如果能客观地告诉自己：“哎呀小田啊，又生气了吧！不过没关系，又不是什么大事。”这样至少能从火冒三丈的状态冷静下来，然后就能更加清晰地弄明白周围的情况。如果被愤怒情绪牵着走，在公众场合对着别人咬牙切齿、破口大骂，甚至互相厮打，自己也得不到任何好处。

一个月后、一年后，你还会为此生气吗？也许过了一天，甚至一个小时，你就把这件事忘得一干二净了。为了这点无关紧要的事情，没必要把自己搞得不愉快。对待没有礼貌的人，无视他更好，自己也能得到一份清净。

又比如你的领导因为一些站不住脚的理由教训你。“有没有搞错啊，为了这种事责骂下属？”“负责任的应该是你这个领导吧！”“真是个没用的领导！”你这样想只会越来越生气，此时你要告诉自己：“小田啊，现在很气愤吧！不过没事的。领导就是只会甩锅的小人物罢了，没必要跟这种人计较，现在反驳他也没什么意义。”对着生气的自己唤醒另一个自己。“灵魂出窍”就像是有另一个自己客观地看待生气的自己。这样一来，生气的能量就会不可思议地削弱。

当然刚开始可能不会太顺利，就算用“灵魂出窍法”告诉自己“虽然现在很生气，但是没有关系”，愤怒也很难平息，但是尝试四五次后，将100分的愤怒值减少到了90分或者80分，然后不断积累经验，大脑就会形成一种习惯，最后就能成功地减少愤怒值了。请大家一定要坚持不懈地尝试“灵魂出窍法”，直到大脑形成回路，因为习惯

的形成始于反复尝试。

这里，我要提醒大家一点。如果使用“灵魂出窍法”失败，你还是暴跳如雷的话，切勿在这种生气的情况下对让你愤怒的事做出价值判断，也不要做出类似于否定自我的评价，如“连这点事都要生气，我真是不配为人”“果然自己还是不行”等。反而要想：“这样啊，的确很气人！不过也没办法，谁让我是个有血有肉的人呢？”像这样接受自己，就不会被愤怒牵着鼻子走了。

如果想着“为什么又生气了？”“我不该生气的”“我太不成熟了”“真没用”，在心里否定自我，就会带来我后面即将介绍的“责任感”“后悔”“不安”“不满”等不快的负面情绪，这样自己就会一直处于不开心的状态。这一点是重中之重。

瞬间收紧臀部，就能消解愤怒吗

感觉愤怒的时候，一下子收紧臀部也是见效很快的方法。这是身为思想家同时也是首位修行瑜伽的日本人——中村天风先生传授给我的方法。人只要一下子收紧臀部，就不会那么生气了，这是因为收紧臀部之后，身体就会使不上力气。

虽然这有些令人难以置信，但大家可以尝试一下：一下子收紧臀部，再尝试向拳头中注入力气，紧紧握住拳头。能握紧吗？应该不能吧。生气的时候身体会积蓄力量，肩膀、手和拳头都如此，但如果收紧臀部，全身都会松懈下来。这样一来，就很难继续生气了。

假设你被领导怒斥，在火气一下子上来的时候，一边收紧臀部一边说“非常抱歉”。很不可思议，领导责骂的话就无法再伤害到你了。相比于用力让身体变得僵硬的紧张状态，在收紧臀部、放松身体的状态下，怒气会更少一点。

我认为，同时使用“灵魂出窍法”和“瞬间收紧臀部法”更能事半功倍。愤怒的情绪上涨时，一边收紧臀部，一边告诉自己“小田啊，刚才小A的话很气人呢，不过没关系”，怒气就会减少很多。

我非常推荐这个简单又速成的方法。

利用“骷髅13法”躲避流言蜚语

当别人的苛待和流言蜚语伤害到自己的时候，更会激起内心的愤怒。这种时候就可以采用“骷髅13法”。

“骷髅13法”是指，当对方话语中的子弹飞向自己时，拥有马上闪开脸颊避开子弹的超人般能力的方法。虽然有点像漫画中的情形，但我说的“骷髅13法”大概就是这种感觉。当对方的话语像利箭一般刺向自己的时候，稍微转下脖子避开这支利箭。为了让对方的话变成耳旁风，不仅需要在心里想想，还要真的转动脖子，这样就能轻易地避开他人的流言蜚语。

如果把领导说的气话都当真了，自己就会受到伤害，还会激起内心的愤怒。但如果在这之前能稍微转动脖子，就能避开话语中的利箭。仅仅完成一个简单的动作，就能缓和不快的负面情绪。

从简单的小事中学习道理，仔细品味结果

虽然我已经在前面介绍了训练大脑、控制愤怒的三个具体方法——“灵魂出窍法”“瞬间收紧臀部法”“骷髅13法”，但要瞬间控制住被激怒的状态可能还是很困难的。因此，我们首先要从简单的小事开始训练。在日常生活中，我们会有点小烦躁，或者感觉别人的行为让自己有点不开心。当出现这些小怒气的情况时，就可以采用这几个方法。

比如你在开车的时候，突然被横向超车，在这一瞬间就会觉得烦躁。这就是机会。用“灵魂出窍法”告诉自己：“现在很烦躁吧，不过没关系，就算生气也没有意义，没撞上才是万幸。”然后，等到烦躁情绪消去一点后再仔细品味“幸运”的感觉。

如果人的大脑经过训练，遇到令自己生气的事物时就能条件反射地运用“灵魂出窍法”“瞬间收紧臀部法”和“骷髅13法”。虽然一开始让你控制100分的愤怒值会比较困难，但如果你的愤怒值是10分或5分的程度，就正好可

以用来练手。接下来，最重要的一点是好好体会愤怒减少后的感觉，就像我们在执行大脑训练法的步骤中学到的那样，实践后品味结果。

当被超车的时候，就算自己怒吼："我饶不了那家伙，蠢货！"也只会一味地助长自己的怒气。但如果使用"灵魂出窍法"告诉自己："哎，真气人，但生气也没意义，没关系的。"怒气就会消去一点。如果你平时需要5分钟左右的时间才能消除怒气，而这次用了不到5秒就消除了，就要好好记住这次体验，"平时总是怒气冲冲的，今天只用了5秒气就消了，真是神清气爽啊！"，只要能因此获得经验就是很大的成功了。

经过一次次的积累，大脑就能切实记住"愉快"的感觉，养成好习惯。即便如此，就算有十次都成功地控制住了愤怒的情绪，但在第十一次时还是火冒三丈，突然发脾气，该怎么办呢？

没有关系。火冒三丈之后能冷静下来就可以了，然后告诉自己："生气了，不过没关系，这种情况也时有发生，毕竟都是人。"就算做错了，也不要否定愤怒的自己，觉得"为什么自己这么没用，前面十次的努力都功亏一篑了"，而是要接纳这样的自己，原谅自己，要当机立断地化解这份情绪，避免再被它牵着鼻子走。只要能控制住一点点怒气就行，就算接连几次都失败了，再挑战下一次就可以了。

不怕失败是训练大脑的基本原则。十次都控制住了，可能第十一次又会失败，第十二次成功了，可能第十五次又发火了，但还是要反复尝试这个过程，大脑才会慢慢形成回路。让我们再回想一下训练大脑的几个步骤吧。就算没有全部控制住愤怒的情绪也没有关系，“有一点进步就是成功”，只要保持乐观的态度，重复“实践→反复→再实践→品味→有意识地继续→无意识地断续”的过程。

过了一段时间，愤怒的情绪卷土重来，这很正常。只要告诉自己“哎呀，又生气了，这也正常，拿它没办法”就可以了。不要想着“我明明好好克制了，怎么又生气了，我真没用”或者“果然怒气是无法控制的”。虽然怒气时常有，但不怕失败是训练大脑的基本原则。

不管失败几次，每一次都要肯定自己“生气了呢”“火气又来了呢”，最后按照以上方法化解这份情绪。

改变自己的观点，愤怒就会消失

不管是使用“灵魂出窍法”还是“骷髅13法”，都是一边遭遇失败一边积累经验，循序渐进地步入正轨，然后就能有效地控制住怒气。这是百分百的概率，没有一个人能例外。为什么我能这么断言呢？因为愤怒这种情绪是没有实体的。

我来举个例子吧。假设你的领导训斥你：“像你这种人真是垃圾！”或许你的火气立刻就上来了，你肯定愤愤不平地想：“那也不能说这么片面的话吧”“我觉得你最好看看你自己”“你有什么资格这么说我”。但如果别人告诉你，你的领导评价你是最有潜力的一个下属，你还会继续生气吗？明明前一秒还怒气冲天，现在怒气却全消了，不仅如此，还对领导有了好感，觉得他是个值得尊敬的人，对他产生了信赖感。

如何理解领导话中的意思取决于你自己，也就是说，你只要改变自己对领导话语的理解，就能使怒气在瞬间消失。消失也就意味着愤怒是没有实体的。

生理上的疼痛和苦楚是无法消失的。只要膀胱中的尿液没有释放，尿意就不会消失；伤口没有愈合，阵阵疼痛也会一直存在。愤怒没有实体，但是大脑可以对愤怒的情绪进行加工，只要改变观念，就能改变原来理解的意思。大家可以想象一下喜怒无常的孩子，前一秒还在哇哇大哭，下一秒就破涕为笑了。

总是被这种模棱两可的情绪牵着鼻子走，不觉得这样的自己很傻吗？

即使愤怒，有损失的也仍然只有自己

我们经常会向别人发泄怒气。你也曾有过“绝不饶了某人”“走着瞧吧，混蛋”“我一定会以牙还牙的”这些想法吧。但是请好好思考一下，即使你再生气，有损失的也只有你自己。就算你心里恨着对方，晚上气得难以入睡，在同一时间让你愤怒的对方却在呼呼大睡。告诉对方“我绝对饶不了你”导致对方心脏病发作的事情是不可能发生的。痛苦的只有你自己，如果处理不好，甚至还会因为火气上头而引发心脏病。这么想的话，大家应该明白了，愤怒只会损害自己的利益。

话虽如此，可在这个世上，还是有些人能将愤怒变成动力，一边想着“走着瞧”“我绝对不认输”，一边默默努力。我不是否定这种生活方式，就算这种负能量带来了不错的结果，大脑也不会因此而感到愉快，用消极的情绪激励自己，不会产生“感谢”“原谅”“希望”等积极的想法，也就意味着它们不能变成“愉快”的情绪，人们无法得到真正的满足。如果不能将不良的情绪转化成“正是有他我才能坚持下去”“多亏了他我才成功了”等感谢他人的正能量，不管走到哪里，人的内心都只会充满“我才不会输”“还早着呢”“混蛋”等消极的想法。

要说怎样才能让这些人得到满足，恐怕只有让他们口中的那些不可饶恕的人跪在他们面前认输、道歉了吧。这些人的关注点在于对方能不能认输，也就是说，只要对方不认输他们就永远无法得到满足。最终，他们凭借愤怒的能量生存下去，这就是以“对方的标准”衡量自己的生活方式。如果只是以这种方式活着，他们走到哪里都不会得到真正的满足，一直被对方牵着鼻子走，这样是无法获得幸福的。

想和对方沟通时可以通过“我的信息法”传达自己的感想

当别人做的一些事惹自己生气时，把自己的心里话直接告诉对方也是一种消气的方法。比如A在说你的坏话，你听到之后很生气。这种时候我们可以采取两种方法：

选择任何一种方法都是可以的。如果选了方法（1），就用“灵魂出窍法”“瞬间收紧臀部法”或“骷髅13法”来减轻怒气，然后下定决心“这件事到此为止”，当作什么都没发生过，在心里化解这件事，避免被消极的情绪牵着走。

如果选了方法（2），要小心自己说的话可能会造成火上浇油的效果。首先要注意说话的语气不能太凶，这样不仅会让怒气的毒素伤害自己，还会引起对方的愤怒，要尽量避免太过感情用事。然后，最重要的是传达“我”而非“你”的信息。冷静地告诉对方：“A，刚才听到你这么说，我真的很难过。”如果说“你误会了”“你错了”这些“你”怎么样的话，对方就会回答“我没说这种话”“我没错”，交流起来就会更加麻烦。

因此，始终要冷静地向对方表达自己的感受。这不是百分百能顺利进行的做法，但比起指点对方的言论，得到的结果至少会好一些。我把这种方法命名为“我的信息法”。

我教育孩子的时候也经常用这个方法，当然也不是每次都能奏效，有时到了最后还是会对孩子大喊大叫。当气到这种程度的时候，我就会离开现场，让大脑先冷静下来。像这样被愤怒冲昏头脑的时候，“紧急避难”是很有效的，总之就是要离开现场，冷静下来之后，用“灵魂出窍法”告诉自己“没办法啊，到气头上了”，然后想着“下次会注意的，这件事就到此为止”结束这件事情。就算总是想着“我怎么又大喊大叫了？应该冷静一点的”“我真是个失败的父亲”也毫无意义，向前看就好。

然而，我们身边还是埋下了无数颗愤怒的种子。如果为一点鸡毛蒜皮的小事就动怒，身体也会承受不住。乘个电车，因为太拥挤而烦躁不已；到了公司，因为不满意部下的工作而火冒三丈；出差办理业务却碰到雨天，跟客户要签的合同也谈不妥……如果总是烦躁，积攒成怒气，那

么每天都会怒气冲冲。这样，人生就会变得无趣，也不会出现好运。

因此，即便感到烦躁、生气，也要训练大脑，控制怒气，解放自己，我们的日常生活就能变得轻松一点，活得也更容易一些。

撇除杂念，
拒绝一切无效的忙碌

第三章

控制“责任感”带来的不快

无须减少责任感，而是要改变责任感的性质

在各种各样的消极情绪中，解决完“愤怒”之后就轮到解决“责任感”了。“责任感”就是催促自己“应该做”“不做不行”“必须做”的情绪。

我们每天都被责任感束缚着：工薪阶层每天从“必须起床”开始，到“必须洗脸”“必须换衣服”，再到“必须乘电车”。家庭主妇从“必须做便当”“必须做早饭”，再到“必须叫孩子起床”等。仔细想想，可以说人们一整天都处在“必须做这个”“必须做那个”的状态中，甚至有很多人从早到晚都被所谓的“责任感”搞得团团转。

如果能控制好“责任感”这种消极情绪，也许就能更加轻松地度过每一天。那么，如何训练大脑来控制“责任感”呢?

在控制愤怒的时候，我们采取了将100分的怒气值减少到50分或者更低的方法。但在控制责任感的时候，我们不能减少给我们带来责任感的工作的量。对于给我们带来

责任感的事情数量，就让其维持原状吧，我们要做的是改变责任感的性质，也就是利用大脑的运行机制，追求“愉快”，避免“不快”。

堀江贵文的著作中有这样一个有趣的故事。卷入“活力门事件”的堀江贵文被逮捕了，到了东京拘留所之后，他每天都必须折纸袋。就像古希腊神话中的西西弗斯：因触犯众神而被惩罚将一块大石头推上山顶，他竭尽全力，终于快要将大石头推到山顶了，然而就在那一瞬间，石头又摔到了山脚下，他再次将石头推往山顶，永无止境地重复着这件事。这就是西西弗斯受到的惩罚，没有比进行这种毫无意义的劳动更令人痛苦的惩罚了。西西弗斯受到了永远进行这种苦行的惩罚，他必须忍受下去。

堀江先生所从事的折纸袋工作与此相似。

堀江先生是一个富有创造力的人，这种机械的工作对他来说就是一种折磨。然而他却开始思考，难得有这样的机会，如何做才能更有效率地折纸袋呢？他想尽办法，终于慢慢地提高了折纸袋的速度，获得了一份简单的快乐。

借此我想说，虽然折纸袋的工作本身没有发生改变，但如果能改变自己对这件事的看法，也能将责任感变成“乐趣”。如果是我们喜欢或者觉得愉快的事情，做得再多也愿意。因此，我们如果能把出于责任感而做的事情变成愉快的事情，不仅不快的情绪会消失不见，还会产生快乐和喜悦的情绪。

早起、上班、打扫卫生，每件都是不得不做的事。既然如此，就改变之前不情愿的态度，训练大脑去尝试享受这些事。这就是基本的思考方式。

用“做吧法”将责任感转换成喜悦感

要想快乐地处理出于责任所做的事，关键就在于进行一个“小仪式”。就是对“必须做”“不得不做”的事情抱着“去做吧”的态度。我直截了当地将这种方法命名为“做吧法”。

面带微笑，把“待会得打扫”说成“待会去打扫吧”；既然必须去工作，那就换个词尾，说成“去工作吧”。可能有人会质疑：就这样？但尝试过后却能深切地感受到打扫卫生和工作确实变得不那么令人讨厌了。即使是更严重的情况，比如将“必须回复客户的投诉”说成“去回复客户的投诉吧”，这样想着，处理带有巨大责任感的事情时也能感到轻松一点。

其实这并不仅仅是感觉，事情确实变得轻松了。这在心理学的实验中也得到了证实。两个人组成一组，站成前后两排。首先，站在后面的人一边想象“前面的人很重，脚底就像生了根一般，根本无法挪动”，一边努力试着把前面的人抬起来的时候，就真的会因为前面的人太重而抬不起来。然而，如果站在后面的人想象前面的人“像生了翅膀一般轻盈欲飞”，这样就能轻松地将前面的人抬起来了。当然，站在前面的人的体重并没有发生变化。也就是说，想象“自己很重”的时候，自己确实就会（感觉）变重了；而想象“自己很轻”的时候，自己确实就（感觉）变轻了。

回到刚才的话题。“做吧法”就是把在这个实验中验证的道理运用到日常生活中。在工作中，如果是出于责任感而逼迫自己“必须做这个”“必须做那个”的话，工作就会真的变得痛苦、艰难和复杂。但如果微笑面对，用轻松的态度告诉自己“做这个吧”“试试那个吧”，很多时候工作就能顺利地开展下去。

不得不做的事情出现在眼前，既然结果是必须做，那就去做。决定去做之后，再改变心态，微笑着告诉自己“好嘞，接下来做这个吧”。将这件事变得更有仪式感，让大脑形成习惯。

“做吧法”加上“微笑”，增加仪式感

橄榄球运动员五郎丸步在打球之前，会习惯性地摆一个姿势，这样打球的成功率就会变高。同样的道理，我们向自己传达“去做吧”的信号，然后微笑面对，也会对要做的事情感到轻松些。

有一位女性听了我的建议后，便开始进行这样的仪式。她觉得在吃完饭后收拾餐具是一件非常麻烦的事情。但得知我说的“做吧法”之后，她便一边告诉自己“接下来收拾吧，收拾也是一种乐趣”，一边微笑着面对这件事。于是，收拾餐具就变成了一件很轻松的事，厨房也变得越来越干净、舒适。

正如我多次强调的那样，大脑是遵循追求“愉快”，避免“不快”的机制运作的。如果在训练大脑时告诉它“这件事是快乐的”，那么不论是艰难的工作还是麻烦的打扫卫生都会变成令人愉快的事。不仅如此，就如上面打扫卫生的例子所说明的，愉快会体现在“现实”中。就像选手五郎丸步通过日常的摆姿势来保持打球时那精准无比的命中率一样，将“去做吧”的魔法咒语搭配上“微笑”

的表情，养成习惯之后，出于责任感而勉强去做的事情就会变得令人愉快，这件事实际的结果也会更好。

好的结果就意味着“愉快”，所以大脑会为了追求这份“愉快”而努力。渐渐地，责任感就会变成快乐，现实也会朝着自己希望的方向发展。通过这样训练大脑，将责任感变成“愉快”后，现实也会变得更如人意。这并不是什么不可思议的事，而是有理有据的。

想要提高做事的效率，不仅需要改变说话的语气，还要加上“微笑”的表情。很多实验都表明，“微笑”能让大脑产生“这件事很愉快”的错觉。大家今后在面对要处理的事之前，也可以尝试着先微笑一下。微笑会让大脑知道这是个愉快的时刻，即便是强颜欢笑，心情也会自然而然地变得愉快。相反，如果皱着眉头面对事情，大脑就会判断这是个痛苦的时刻，就会感到越来越厌烦，工作效率也无法提高。反正都是要做的事，那就改变心态，说一句“去做吧”，再加上微笑。通过进行这样简单的仪式来训练大脑，就能更愉快地执行下一步。

曾经发生了这样一件事。

在北海道开展NPO（非营利组织）活动的工作人员，觉得每天出差回来后还要在办公室准备资料是很麻烦的事，实在是受不了。结果他们工作两三天后就辞职，更严重的是活动的组织者打电话告诉我，准备好的这些资料完全不能用。于是我建议他们在准备资料之前先微笑着说三遍："准备资料很快乐，哦耶！"就在当天，我又接到了活动组织者打来的电话。"小田先生，不得了了！我们像你说的这么做后，花了30分钟就把资料准备好了。这真是前所未有的事情！"

也许这世上有很多这样的人吧，明明很快就能完成的事情，但因为心中觉得麻烦而不想做，大脑就会觉得这件事特别沉重，止步不前甚至放弃了行动。反正都是要做的，那就乐观地笑着说"耶！"，只要进行了这个仪式，就一定能比之前更有效率地处理事情。

没有人会去做无聊的工作

我们普遍认为世上有很多人都是出于责任感而不得不学习、工作、做家务，然而真的是这样吗？不管是学习、工作还是做家务，极端地讲，如果都是令人讨厌至极的事情，放弃就可以了，但仔细思考，还在继续做的话就意味着这些事其实并不那么令人讨厌。让自己觉得不讨厌是非常重要的。

比如，你现在有一份不喜欢却不得不做的工作，但你真的讨厌这份工作吗？如果辞职了你就无法生活。也就是说，这份工作支撑着你的衣食住行。从大脑的运行机制来看，工作这件看似令你“不快”的事情其实是为了让你追求生活这个更大的“愉快”而存在的。所以试着对工作心存感激：“我靠这份工作维持生计，所以有这份工作真好，真棒呀！”不管是什么工作都有它的作用，所以觉得从事这份工作是好的也在情理之中。你为了追求生活的“愉快”而从事这份工作，所以从事这份工作对你而言也不是讨厌的。在理解这一点的基础上，试着努力将（你觉得无聊的）工作变得有乐趣吧。就像堀江先生挖掘出了折纸袋的乐趣一样，努力把手中的事情变得充满乐趣。

我在松下政经塾学习的时候，参加过一个工厂实习的课题项目。在为期两个月的项目中，我进入工厂的加工流水线做组装零件的工作，即每天将从上一个环节传送过来的零件组装成汽车音响、摄像机或者录音机。老实说，每天重复这种单调的工作让我很厌烦，我总是一边想着“哎呀真烦！真想早点结束啊！”，一边计算着下班的时间。但过了几天后，我突然就觉得这份工作并没有那么困难，其实也挺轻松的。这么想着，大脑就像重获自由一样，每天我的思绪都如天马行空般幻想着未来想做的事，不知不觉时间就过去了。一直很厌烦的工作已经不会令我感到任何痛苦，反而给我提供了能够自由想象的机会，为我创造了一段愉快的时光。

我在工厂实习的时候想起了一个人。一家我经常去的按摩店里有位很厉害的女按摩师，在和她交谈后我得知，她白天还在丰田系工厂的流水线上工作。我问她：“每天做流水线的工作不会厌烦吗？”她却回答：“一点也不厌烦。”她表示，那些觉得流水线工作无聊的人会马上辞职，而留下来的人都觉得这是一份令人快乐的工作，因此就能继续做下去。

就同一份工作而言，大脑觉得它无聊还是有趣，导致的结果截然不同。觉得工作无聊的人就会对大脑传送“无聊”的信号，对于这类人而言，告诉大脑“这份工作很有意思”“能为社会做贡献”尤为重要。

这就是训练大脑的方法。如果能顺利地训练大脑，觉得无聊的事也能变得更有趣。不要在做任何事时都是出于“不得不做”的责任感而逼迫自己去做，而要试着想象这是件有趣的事。如此，结果就会截然不同。

大脑训练法分为“登山型”和“顺流而下型”

前面我说到，为了将“责任感”变成“愉快”，微笑着将“必须去做”说成“去做吧”是很重要的。

接下来更重要的是品味过程和结果，把“做到了”“不错啊”“真棒”这些心情，也就是把“愉快”深深地刻在脑子里。我把享受结果的方法称作“登山型”方法，享受过程的方法称作“顺流而下型”方法。

“登山型”方法是指树立目标，达成之后，品味充实感的方法。登山的时候，虽然攀爬过程很艰辛，但抵达山顶的快感是无法言喻的。备考的过程很艰辛，但想象考上心仪学校的喜悦和之后的辉煌未来，就能坚持下去了。这就是我说的“登山型”方法。

“顺流而下型”方法是指享受中间过程的方法。随着河流向下，欣赏途中的景色，稍微绕个道，享受过程。虽然我们不是在欣赏小说《东海道中膝栗毛》（《东海道徒步旅行记》）的主人公弥次郎和喜多在旅途中发现的奇闻轶事，也姑且不论他们在书中的目的地是否真的是伊势[1]，仅仅是感受他们那充满乐趣的旅行过程，就是一种享受。以备考学习为例，备考的人如果能把关注点放在获得新知识的喜悦和来自亲朋好友的鼓励上，这个过程就能成为人生中宝贵的财富。

为了训练大脑，控制责任感，可以有意识地使用“登山型”或“顺流而下型”这两种方法中的任何一种，也可以同时使用两种方法。所谓“登山型”方法，就好像在辛苦打扫卫生后房间变得一尘不染，然后尽情地享受整洁的房间带来的舒适感。不过也可以一边擦着窗户，一边感叹“哇，窗户锃光瓦亮了”，收拾床铺的时候想着“床变整洁了”，一边享受过程一边继续打扫卫生，这就是“顺流而下型”方法。只要让大脑细细品味这些积极的情绪，大脑就会继续追求这份“愉快”。像这样在享受结果的同时享受过程，就会使出于责任感所做的事变得比之前更加有趣。

每天早上剃胡子是很麻烦的事，但正因为麻烦，所以不要一下子剃光就完事了，而是要好好感受剃胡子的每个动作。一边剃胡子，一边想着“皮肤变得滑溜溜了”“真是神清气爽啊”。首先要享受剃胡子的过程，剃完之后再用手去触摸皮肤，充分享受平滑的触感，之前毛毛糙糙的下巴变得光滑顺溜，这是只有男人才能获得的快感，女人是享

① 日本本州中部城市。1906年设市。位于三重县志摩半岛西北部的伊势市作为伊势神宫的门前镇而繁荣起来。

受不到的。从开始到结束，一直享受剃胡子的这种感觉。这样一来，剃胡子这个麻烦的事也能变成一件有趣的事。

写字的时候也是一样。现在，人们可以用电脑输入任何内容，手写的机会少之又少。偶尔遇到不得不手写的时候，就会因为感到麻烦而慌忙地下笔。但如果能品味每一个字，认真书写的话，不仅能写出漂亮的字，还能降低在书写过程中出现错字的概率。

就像这样，让大脑牢记“登山型”和“顺流而下型”这两种方法，当能够随意运用这两种方法的时候，责任感带来的不快情绪也会消失不见。

用“小步法”享受一小步的愉悦

即使我们知道，手头上有必须完成的任务，纵观全局，也会不禁感叹“还有很多需要干的活”“怎么还有这么多？”，因而就会变得烦躁、厌倦起来。但很多时候，如果能把这个任务分解成几小步，试着将关注点只放在当下能看到的事情上，就能在不知不觉中完成整个任务。不是要一下子想着“这个那个都得做”，而是要告诉大脑“今天只要做这个”“就这个，开始做吧”。一边享受迈出的每一步，一边攻克每一个难关。这种“小步法”是控制责任感的关键。

比如家里的东西太多，连下脚的地方都没有，想一下子收拾干净，但发现不知从何着手，于是很容易立刻放弃。但如果想着“今天只收拾餐具柜的抽屉”“明天只打扫浴室和洗脸台”，每天从一个小地方开始打扫，当餐具柜的抽屉变得整洁后，就表扬自己“哇，变干净了”“干得不错”，让大脑充分感受这种快感。一个月后，整个家都被收拾了一遍，变干净、整洁了。

虽然很难一下子就解决全部问题，但只要把整体分解，从每一个小的地方入手，就没有解决不了的难题。乍一看，你可能会觉得这个“小步法”很花费时间，但其实因为在实际操作中很少出错，所以它反而能省时。

也就是说，被责任感束缚时会觉得“这讨厌的事越早完成越好”，就想一口气解决问题，结果反而容易出现差错，导致功亏一篑，不得不回到原点，让整件事变得更加棘手。因此，还不如重视每个小部分，将任务分解后认真地执行，这样更能让大脑获得“愉快”，感到满足，也能很快地解决问题，消除负面情绪。

搁置的东西会成为大脑的垃圾，所以要避免搁置

如果没有按时完成任务，责任感这种负面情绪会越来越强。它就像淀粉一样积压在心中，人时时刻刻都会被“必须得做那个”“这个也不能落下”折磨。为了避免这种情况，必须从以下的选项中选出一个。

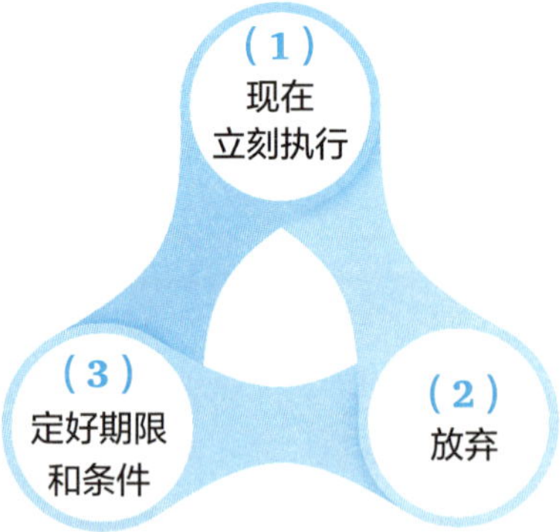

既然必须打扫房间，那就在以下三个选择中挑一个：（1）现在立刻打扫；（2）太麻烦不打扫了；（3）现在先不打扫，等到周日或人齐了再打扫。

“一定得做”就会导致这件事被搁置，不可避免地就

会有“下次再做”“有空了再做”“总之先放着”的想法，这样一来，责任感就会一直存在于大脑中。大家要记住，一旦将事物搁置，它就会一直留在大脑中，成为大脑的垃圾。

话虽如此，但有的时候确实无法当机立断。那么这种时候又该怎么办呢?

比如想着要搞个大扫除，但因为当下工作太忙抽不开身。为了避免将这件事“搁置”，明确大扫除的条件尤为重要。不是“找个时间打扫”，而是好好决定“先完成手头的工作，第二天再打扫”，或者“等找好帮手A和B之后，周末再打扫”等，提前明确具体的条件，决定好这些之后，再告诉大脑“没有达到这些条件之前不执行决定”。这样一来，即使还没有动手打扫屋子，也不会出现那些“必须打扫”“得收拾干净”等胁迫性的责任感。

我有一个年轻的朋友想创业。他虽然还没有着手创业，但并没有将这件事搁置下来，而是打算请教他尊敬的前辈A后再行动。“现在不马上创业不是决定不创业，而是向A请教后再创业。”因为他在心中已经这样安排好了，并不急着创业，与那些做白日梦却不付出行动的人不同，他是在非常清醒的状态下考虑创业这件事的。

就像这样，当责任感产生的时候，让大脑形成习惯，用三选一的方法解决问题，这样就能避免事情被搁置的状态，总是困扰自己的不快和责任感所带来的负面情绪也会消失不见。

忙碌的本质就像沙漏一样

如果你经常把“我很忙”挂在嘴边，就要引起注意了，这是你被责任感穷追不舍的证据。

忙碌的本质并不代表着你有很多亟待解决的事情，而是指当你在处理事情A的时候，事情B、C以及其他必须解决的事也闪现在你的大脑中。你不是因为有很多事情需要解决才变得忙碌，而是你在做事情A时，大脑想起事情B也得做，事情C还没有完成，因而感到忙碌。

请联想一下沙漏。不管沙漏中有多少沙子，每次从细孔中漏下来的沙子数量是一定的。同样，不管有多少亟待解决的事情，大脑能够一次性处理的容量也是有限的。因此，为了避免被“忙碌”这种消极情绪击溃，在处理事情A的时候就集中精力，撇去一切其他的杂念。

像这样整理大脑的思绪是非常重要的。

尽管如此，有的时候，在做一件事的过程中还是会想起有另一件事还没有做。这种时候，就要当场决定把另一件事放到下次再做，然后在手账或日历上标注一个小标记。做完标记后就结束这个小插曲，回到原来的工作中。

这样就能让大脑从忙碌的幻影中解放出来，责任感带来的不快情绪也得到了控制，这一天就能过得很愉快。

总之，人类所有的行动都是为了追求“愉快”，避免“不快”，这一点是不会变的。

当产生责任感的时候，就告诉大脑，如果不完成这件事就会带来“不快”，为了消除“不快”，就必须做这件事，之后回过神来就会发现这件事也没有那么令人讨厌了。

过去已然，
未来才是你的主场

第四章

控制“后悔”带来的不快

控制后悔情绪的关键
不是“过去”而是“现在”

“当时那么做就好了”“我为什么这么做呢？”“当下我必须这么做”……确实，每个人都在不断后悔的过程中活着，这种后悔的消极情绪只有人类才拥有，因为后悔是从“记忆”中诞生的。如前面所说，动物只对“当下”这个时间有概念，而对“过去”“未来”是没有概念的。所以动物即使在“当下”的瞬间产生了不快和危机感，也不会因为回想过去而后悔。

人类的大脑中有个部位叫前额叶，负责储存记忆和产生求生欲望。因此，前额叶中经常会出现“如果是真的那么做更好”“当时应该这么做”等各种想法。

我想先谈谈让大家有所误解的一件事：大家是不是都认为后悔的是“过去”的事呢？实则不然。

过去的事确实是导火索，但该纠正的不是“过去的自己”，而是“现在的自己”。不论有多么糟糕的经历，只有充实现在的自己，才会有“因为当时的经历，才塑造了现在的自己”等积极评价，也不会产生后悔的情绪。觉得

“现在的自己”有不足之处，才会产生后悔情绪。反过来说，如果感觉“现在”良好，人们也就不会后悔，后悔是只针对“现在”的自己才会产生的情绪。

因此，想要通过训练大脑来控制后悔的情绪，重点就在于“现在”怎么做。

用“这样就好法”，不囿于过去

后悔并不是针对“过去”而是针对“现在”才存在的情绪。因此，只要在“当下”的时间改变对“过去”产生的消极想法，就不会产生后悔的情绪。虽然事实上只要充实“现在”，对“过去”的看法就会发生一百八十度的转变，但很难立即改变现状。这种时候，只需要反复告诉自己的大脑“这件事已经结束了，这样就好”“这样就够了”“过去的事就这样吧”，就像漫画《聪明的傻爸爸》里的主人公经常说的台词“这样就好”一样。我把这种方法称为“这样就好法”。

不过要搞清楚的是，“这样就好法”的重点不是如何看待现在，而是如何看待过去的事。

假如你的丈夫是一个有严重暴力倾向的男人，这种时候就不能把“和有暴力倾向的男人结婚的状态”说成“这样就好”，最多只能怪自己没有认清这个男人就和他结婚了，只是因为自己当时太年轻了，没有挑男人的眼光，没发现对方是这种男人，就算回到当时也还是会这么选择，接受“这是命运”的事实才是“这样就好”的含义。

使用“这样就好法”肯定过去的自己，从而站定当下的立场。如果已经和有暴力倾向的男人结婚了，只需要告诉自己“那时候自己不知道对方是个有暴力倾向的男人，也是没有办法的事，所以这样就好。不过现在一切都真相大白了，只要和那个男人离婚就行”，全盘接受过去的自己，然后在此基础上积极乐观地考虑自己的未来。

囿于过去，一个劲儿地后悔的人，在面对未来时也会变得胆小怕事，一事无成。如果否定了自己在过去所做的事，大脑就会思考未来是不是也会出现这样令人后悔、让人不愉快的情况。过去发生的不好的事是当时自己的不成熟所造成的，是无可奈何的事，所以这样就好。经历了各种各样的事，才成就了现在的自己，所以看待自己的经历时要觉得“这样就好”，将目光投向未来才是最重要的。

经常有人会感叹“要是我读书的时候再用功一点就好了”，但看看他现在的情况就会发现，基本也是处于不学习的状态，只不过把以前不用功的情况当成现在不学习的借口罢了。像这样，后悔的情绪只是被当作“现在”不成功的理由。因此，只要告诉自己“这样就好”，接受过去，如此不断反复地训练大脑，就能控制后悔的情绪。

可以补救的后悔是即刻采取行动

后悔的时候，也可以通过立即行动来进行补救。假设我们正在后悔“当时对那个人说的话有点过分了”，那么，如果能联系到那个人，直接向他道歉也是消除后悔情绪的一种方法。

再比如，我们看到公司里的部下最近有点懒散，出于好心而提醒他努力工作。虽然自认为劝说得很得当，但由于没有把真情实意传达到位，反而让对方更加萎靡，失误连连。如果后悔的话就立刻道歉，表示刚才没有清楚地把真情实意传达给他，然后和他一起思考困扰他的是什么，帮助他找回工作干劲。

像这样，尽快对后悔的事采取补救办法，任何时候都不会被消极情绪牵着走。当你为愧对一个人而感到后悔不已时，即使对方已经去世了，直接道歉的方法也依然适用。

在我主持的研讨课和演讲中，时常会有人懊悔不已，“那时候应该对死去的奶奶更好的”，或者“要是还能对去世的母亲尽孝就好了”。这种时候我会告诉他们：“你的心意已经很好地被传达给去世的亲人了。”

其实这样的话也适合告诉自己。

在道歉时，无论是站在去世亲人的墓前还是佛龛前都没有关系，“对不起，不能再给您尽孝了”“要是对您再好一点就好了”，发自内心地道歉，相信这份情义一定能传达给在天堂的亲人。我们需要用这份情义原谅自己，治愈自己。

“自我重要感”低的人容易后悔

一直闷闷不乐、自怨自艾的人容易降低自我重要感，他们从一开始就会放低自己的姿态，认为“就算这么做了我也成不了大事”，无论做什么事最后得到的都是消极的结果，很少被别人承认，也很难受到他人的重视。这样一来，成功的概率就越来越小，“那么做就好了”“再这么做就好了”的后悔情绪却越来越多。

另外，被大家赏识和关爱的人有着强烈的自我重要感，非常希望发挥自己的作用。于是他在现实生活中会积极努力地发光发亮，使得自己愈发被大家重视、被大家感激，他的自我重要感也在一定程度上得到了提高。

虽然说提高自我重要感可以逃离后悔的情绪，但这是非常困难的事。

比如，在公司就任要职的领导因为退休突然失去了地位。这时，没有一个人去问候他，他的自我重要感就会一下子降低，他可能会想“我的人生到底算怎么回事呢？”“四十年的打工生活没有一点意思”，全盘否定自己的人生，懊悔着老去。

这时候，解决问题的方法是抛弃对地位的执念，做一个受大家喜爱的人。不要为自己曾在某某公司工作过而洋洋得意，而是以一个普通人的身份加入当地的团体，试着做一个志愿者，和大家一起嬉笑吵闹，把酒言欢。这样就能融入集体，成为一个受到大家关爱的人。

如果你的生活中只有工作伙伴，那么你在退休后可能就需要花费一番功夫来处理人际关系了。为了避免上年纪后全盘否定自己，出现“我的人生都是些什么”的想法，就要在平时留心扩展自己的人际关系网，最好在职场外的生活中主动创造能产生自我重要感的机会。

“无条件接受法”是最有效的

所谓“心理控制术”，是指如果人们设想了一个目标，大脑就会顺着这个方向设计出实现目标的更有效的方法，并引导着人们向目标前进。提出这个理论的麦克斯威尔·马尔茨认为：如果无条件地原谅他人和自己，就能有效地消除负面情绪。

如果对一个人怀有愤怒和痛恨的情绪，心里想着“我绝对饶不了那个家伙”，或是不停地责备自己“为什么我这么做了呢”，不仅不能消除负面情绪，反而会让自己的心态变得更加消极。但如果能无条件地原谅他人和自己，就能大大减少痛恨、愤怒、自责、后悔等消极情绪。

的确，对于已经发生的事情，就算感到再懊悔也无济于事。比如因为不可抗力陷入了一场事故，即便多么痛恨造成事故的那个人也无法改变现状。但如果能告诉自己“我也没有办法啊，在当时那种情况下，谁能想到会这样”“虽然他造成了事故，但站在他的立场看，他也挺不容易的”，原谅自己和他人，自己心里也会好受一点。

当然，我们要避免重蹈覆辙。有时间自怨自艾，还不如把这些时间用来多考虑一下未来。过去的事情就让它成为过去吧，我们应该抛弃过去，考虑“现在”和“未来”。同时，我们也要锻炼大脑，放宽心态使其习惯于原谅他人和自己。重启“现在”，一定程度上能弥补给别人带来的或是由别人造成的损失。

有起伏的人生会更加丰富

虽然人们都是一边重复着失败，一边铭记着“下次一定注意”而慢慢变得聪明，但是在下次遇到事情时难免还是会因为一个疏忽而失败。当自己又在意料之中遭遇失败的时候，人们就会开始懊悔，但就算一下子陷入低谷，这份经历也是自己人生的一部分。人生的精彩之处就在于拥有各种起伏不定的情绪。虽然对于自己的遭遇会不由自主地感叹一声“唉”，但这段经历本身会成为人生的心得体会。如果人生中没有这段经历，人们就无法获得当时所感知的情绪，并从中学到东西。

平淡的人生可能没有失败，但同时也欠缺了乐趣。既然人生只有一次，那就要尽可能地让它变得丰富多彩，经历能够经历的，继续跌宕起伏的人生之路。也就是说，要秉承着“比起没有尝试过的后悔，尝试过后的后悔显然更有意义”这样的精神，只要下定决心去尝试，就算失败了、后悔了，也坦然接受任何结果，这之后就不会再饱受后悔情绪的折磨了。并且我认为，尝试过后遭遇失败比没有尝试而一无所知更加具有价值。

比如你向心仪的女生告白，结果被拒绝，也许你在一瞬间会后悔，心想“要是没告白就好了”，这的确是令人伤心的事，但这却能成为你人生中一段宝贵的经历。被残忍地拒绝后，你会伤心欲绝，不过慢慢地终于找到了生命中的另一半，这难道不是一件幸福的事吗？也许不告白就不会后悔，但如果每次都抱着这样的心理，你可能就再也找不到对象了。

如果犹豫要不要行动，那就索性去做，然后下定决心不管结果如何都不后悔。这样训练大脑，就算出现令人哀叹的状况，也能控制住后悔这种负面情绪。

苹果公司的创始人史蒂夫·乔布斯有一个著名的故事。他大学退学之后，偷偷参加了学习设计美术字的课程。那时的乔布斯肯定也没想到，这门课程会给未来的他带来宝贵的财富。就这么随意一瞥，顺路看到了美术字课程的信息，这些看似对实际生活毫无作用的东西却被用在了后来第一台苹果电脑的设计上。

曾经一度觉得不可思议的事情却与未来紧密相连，最终成为人生瑰宝。如果人们相信这一点并努力尝试，就不会总是懊悔，继而郁郁而终。

顺其自然，
没什么好不安的

第五章

控制“不安”带来的不快

不安源于防卫本能

后悔来自过去的记忆，而不安则源于对未来的设想。“要是弄成那样怎么办”“要是变成这样就糟糕了”，想象还没有发生的事情并感到不安，这都是由于人类具有防卫本能。

突发状况会给人们带来恐慌的情绪，不利于人类的生存。因此，人们为了避免紧急情况造成的恐慌，就会产生不安的情绪让自己有心理准备。所以，没有不安的情绪反而更令人担忧。有些年轻人因为鲁莽行事而丧失了宝贵的生命，就是因为缺少这些不安的情绪。

当然，感到不安也没有关系，但过于不安会让自己萎靡不振，限制自己的行动，因此需要适度地控制不安的情绪。我将日本人所拥有的不安情绪大致分为以下四种：

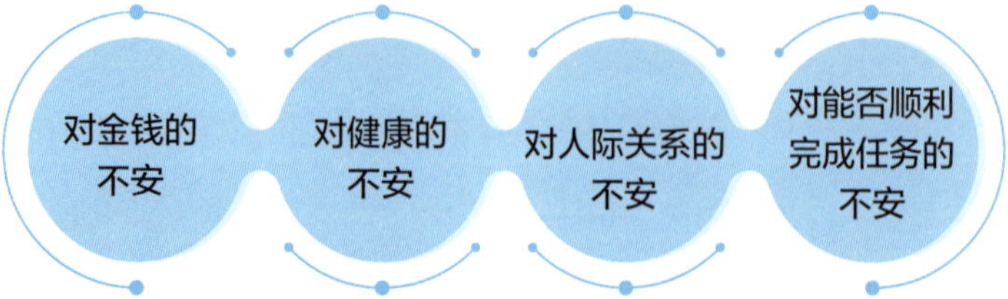

欧美人还会有第五种不安情绪，那就是担心自己死后不能去天堂。对于日本人来说，现实世界和死后世界是相连的，界限很模糊，因此很少会担心自己死后不能去天堂。

做好准备，用“听天由命法”忘记不安

对未来的事仅仅是做出预测而已，谁都不知道结果究竟会如何。因此，我们需要做的不是担心未来会如何，而是要训练大脑，认真地面对当下，思考所能做的事，做好万全的准备。集中精力思考“自己现在应该作何准备”，着手眼下能做的事，只有准备好了才能消除不安的情绪。

下定决心不再考虑之后的事。不论多么不安，谁都无法知晓未来的事，就算一直考虑也没有任何意义。比如现在担心以后要是得了癌症该怎么办，未来也不会有所改变。相关数据显示，现今的日本差不多每两个人中就有一个人得癌症，也就是说，患上癌症的概率非常高，再加上心脑血管类和心脏类的疾病，大概会有八成人因为其中一种疾病死去。

在这种背景下，如果每天都担心自己得癌症后该怎么办而惶惶度日，是没有任何意义的。

当然，为了避免得癌症，可以吃些保健品，保持适量的运动，平时注意养成良好的饮食习惯，购买防癌医疗险，提前找好适合自己的医院和医生也是个好办法。

有人觉得一天应该吃一餐，但也有人认为一日三餐必不可少。有人赞成喝牛奶，有人反对喝牛奶。有人建议多运动，也有人推荐不运动。究竟哪一方是正确的，分别会导致什么样的结果，没有人能给出答案。因此，只需要判断哪一方适合自己，再去执行就可以了。毕竟哪种方法有效，结果如何，谁都无从得知。自己应该做好决定再执行，然后将癌症的事情抛到九霄云外。

这就是大脑训练法。

就我个人而言，能做的准备就是购买防癌医疗险，每隔半年就参加一次综合短期体检，每天喝青汁，步行锻炼一小时，拒绝暴饮暴食，尽量不积攒压力，并且每晚睡前一定会用感恩的心情回顾一下自己的生活，之后的事情就是听天由命了。就算绞尽脑汁地考虑未来的事情也无法得出答案，只要把能做的事情都做了，就不必再去管它。

“已经买了防癌医疗险，之后就不管了”“保健品也在吃了，之后就随意吧”“每年都体检了，结果就看天命吧”等，我把这种方法叫作“听天由命法”。

用“听天由命法”，不断地训练大脑是控制不安这种负面情绪的关键。

隐藏在“只是不够认真”这种想法背后的真相

这世上会有人认为，“无论多么努力挑战一个难题，一旦失败就会心灰意冷，因此从一开始就不应该去挑战”，又或是做某项任务失败了，就会认为“自己只是不够认真，只要认真对待就一定能成功”。

这些都是他们自己选择的生活方式，我并不打算做任何评价。

大家应该已经知道大脑是在追求“愉快”、避免“不快”的机制下运行的。一些人为了避免失败这种“不快”，去追求一开始就不作为的“愉快”。不过，我希望大家能明白，这些人对未来产生的不安情绪会尤其严重。因为非常担心失败，就无法向前迈进。一旦失败，这些人就会认为自己很没用，无法再直视自己。竭尽全力却失败，（感觉上）就会以此作为自己的界限。这是非常恐怖的事情！过于强烈的不安情绪限制了他们的行动。

我想告诉这些人的是，“失败了就再奋力去尝试一次吧，即使失败了也要微笑面对结果”。像这样用乐观的态度对待事物就行。如果什么都没有决定就贸然行动，还是会带来不安的情绪，因此，要事先决定好，当失败的时候再次尝试或易辙改弦，仅此而已。选择易辙改弦是因为放弃当下的事对于自己来说是最适合的选择，当然也不要忘了告诉大脑这是一种“快乐”。只要提前做好决定，就不会再害怕失败，决定好是再次尝试还是易辙改弦，胸有成竹地朝着事先决定好的方向努力就够了。一边给自己找借口“只是不够认真罢了”，一面对未来充满恐惧，只会停留在原地。

“子规不鸣”也无妨

有人会一边给自己的失败找借口，一边又想方设法地进行补救。就像骑自行车时一边踩脚踏板一边又拧紧刹车，这样一来，永远也到不了终点。既然决定去做了，就不要去想“不会失败吧”，专心攻克自己手中的难题就行。如果失败了，也要训练大脑以乐观、积极的态度面对失败。

战国武将吟诵的《子规俳句》十分有名：子规不鸣，织田信长杀之；子规不鸣，丰臣秀吉逼（逗）之；子规不鸣，德川家康待之。

与此相对，松下幸之助则说：“子规不鸣，不亦善乎。”竭尽全力尝试、努力了，然而“子规却不鸣”，松下幸之助认为，即便如此，努力过的事实不会改变，失败也有失败的意义。虽然古人云：“有志者事竟成。”但确实有的事即便努力了也无法成功，就算参加了胜券在握的考试，考生也有可能因为那天感染了风寒，或是赶考路上坐的电车迟到、肚子痛等原因而导致考试发挥不佳，最终名落孙山。世上没有“绝对”的事。

未来会如何谁也不知道，所以不要下“绝对”的断论。但只要竭尽全力，奋力一搏，即使失败了，也是一件有意义的事。提前决定失败之后的路该怎么走，然后听天由命，像这样不断地训练大脑，保持“子规不鸣，不亦善乎”的态度，如若不安就试着说一句：“这事只有神知道了。”

记录并整理带来不安情绪的具体事情

不安就像是模糊又虚幻的东西。当感到不安的时候，所有的负面的事都会一下子涌上心头。

比如，有人在看地震速报的时候会担心“接下来地震会不会波及我住的地方？”“我家房子盖在了活断层上吗？”“要是汽车在桥上行驶的时候发生地震了怎么办？”等。或者某一天你看到关于老人孤独终老的新闻，就开始担心“自己以后会不会也这样？”“要是年纪大了没钱怎么办？”等。

担心这个担心那个，没完没了。最好的方法就是把担心的事情一件件写出来，然后整理出每一件事的风险，自己是否做了应对的准备以及现在应该做的事是什么。

因为得知有些地区发生了地震而感到不安，就做好相应的措施，备好家庭用的防灾用品、食物，和家人确认好发生地震后的联系方式，外出的时候带好手机充电器。不同的人采取的应对措施也各有不同，做好能想到的一切准备之后就该听天由命了。如果担心自己会孤独终老，也可以采取很多行动，比如重新审视自己的人际关系，积攒以后去养老院的钱。

毫无作为会让不安的情绪越来越强烈，但只要行动起来就能减少不安。如果不好好整理给你带来不安的事由，你就会一直把不安挂在嘴边。不要模糊不清地感到不安，要把为什么不安、不安的具体内容写出来，然后考虑对应的措施，接下来就是一步步地执行，消除不安。这样模糊的不安情绪就能得到很好的控制。

用“实现自我的预言法”避免变得更加不安

据说，一直担心的事情真的会发生。实际上，心中担心的事情确实经常会有灵验的时候。解决办法之一就是运用“实现自我的预言法”。

也就是反向运用“幻想成真”的方法，即让大脑明白“担心的事99%都不会成真，所以没关系”。当然，还有1%的可能性会发生担心的情况，现实的确不容乐观，但即便如此，还是要告诉大脑“担心的事99%都不会成真”。

这就是“实现自我的预言法”。

在“实现自我的预言法”中，还有一个非常重要的悖论：当人们担心某一件事的时候，往往会想着“不要担心，担心就真的会发生”，因而变得不安，于是又继续担心自己所担心的事情会不会成真，不安的情绪也会不断增加，最后陷入死循环。在“实现自我的预言法”背后的“担心的事99%都不会成真”的含义中其实就隐藏着“多么不安都没关系，爱怎么担心就怎么担心吧”这样的信息。

我曾听说过这样一个故事。

曾经有个小和尚去拜访一位得道高僧。小和尚问："怎么做才能尽快开悟呢？"高僧回答："到明天早上为止，你都不要思考猴子的事，就能彻悟了。"

于是小和尚就高兴地回去了，但是第二天早上过来的时候，他的眼睛下面却挂着两个黑眼圈，一副无精打采的样子。高僧问他怎么了，小和尚回答："我越不想思考猴子的事，脑子里就有越多的猴子上蹿下跳，结果一晚上都没睡着。"

据说，人类的大脑是无法理解"否定型"的事物的。不知大家是否听过这样一个故事：有人告诉你千万不要想象白马，你的大脑却会自然地做出反应——想象白马的样子。

担心的事情也是一样。如果用否定型的话语告诉自己"不能担心"，大脑中反而会留下"担心"这个词，无故产生强烈的不安情绪。这种时候就要告诉自己的大脑："担心也是没关系的，因为担心的事99%都不会成真。"这样一来，就不会平添过多的不安。

改变物理氛围，大脑就会恢复如常

因为过于担心某件事情而惴惴不安的时候，大脑就逃离不了这种想法的桎梏，不安的情绪在大脑中陷入了死循环，人就无法摆脱消极情绪的束缚。

这种时候，改变物理氛围是一个很有效的方法。

不要一直窝在家里，出去走走，乘个电车，或者站在像东京塔顶一样的高处向远方眺望。如果不能外出，仅仅洗个澡也会使自己的心情有所改变。

其实，在上述情形中，“心情转换”是出现频率很高的潜台词，不过它的确是一个把大脑从不安情绪中解救出来的有效方法。我自己也是如此，当一个想法在我的脑海中出现三次的时候，我就会通过改变物理氛围，也就是采用“心情转换”的方法进行调节。

有时候我会思考，“如果是A会怎么做？如果是B会怎么做？如果是C会怎么做？”，三次循环后，我就会判断大脑陷入了无限死循环的圈子，不能再这样下去了。所以我便会终止这个想法，出门喝喝茶，去趟书店，换个环境。虽然大脑不是电脑程序，但可以训练大脑在经历了三次死循环后强行“关机”。

就这样下定决心，一旦来历不明的不安情绪开始侵蚀大脑，就要强制终止这种情绪，把不安搁置在一边，让它自生自灭。改变所处的环境，暂时停止行动，终止思考，过一段时间后再着手解决问题，大脑就会回到平时的状态。

你已经很棒了，
只是你自己不知道而已

第六章

控制“不满”带来的不快

不满源于和他人的比较

在现代社会，人们心中的不满以及与之类似的孤独感、无力感、悲伤等消极情绪都在不断膨胀，因为人们总是在与他人比较、竞争。

以前，我们对世界的认知十分有限，并且在严格的身份等级制度下，与他人进行比较也是毫无意义的。江户时代，不论农民多么垂涎领主的地位也没有办法，只能以农民的身份度过一生，这在当时是无可奈何的事情。

但今非昔比，如今大家有着与他人同样多的机会，并且因为信息化，SNS（社交网络服务）不断发展，个人得以向全世界公开展示自己的生活。我在刷脸书和推特的时候，发现系统推送给我的内容都是大家在吃美食，开心参加活动或者和朋友聚会，很少会有人上传“今天的工作太难了”“无聊得想死”等消极信息。大家把生活中最美好的一幕截取下来发布到社交网络平台上，展现出他们各自丰富的人生。因此，令人羡慕的东西也就多了起来。虽然大家都过着快乐、幸福的生活，但产生了嫉妒、寂寞、无力感等消极情绪，我把这些消极情绪都简单地概括为“不满”。

教育家森信三认为：“不满始于与他人的比较。”人们选择的比较对象一定是（自认为）和自己处在同一水平或者比自己略差些的人，绝不会和运动员铃木一郎（日本职业棒球运动员）、运动员锦织圭（日本职业网球运动员）或者获得诺贝尔奖的学者们相比，并且心有不甘地感叹：“为什么这些人能赚这么多？”“竟然能谒见瑞典国王！”

原因就在于，我们都清楚他们所付出的努力是我们的几百倍甚至几千倍，会承认“毕竟他们那么努力”“这也是意料之中的”，坦然接受他们比自己成功的结果。但如果发现“那人都没付出什么努力就有这么好的待遇”，或是“明明没什么能力却能那样”，就会产生嫉妒、自怜、孤独的情绪，内心的不满就会一下子爆发出来。

人一旦陷入负面情绪，就会发很多牢骚，四周的氛围也会变得很消极。这样一来，好的机会、人和运气都会离我们远去，于是我们的牢骚就变得更多，机会也“逃”得更远，陷入恶性循环。现代社会，每个人都很容易产生不满和孤独感，但正因如此，我们才需要训练大脑控制这些消极情绪。

这一章，我将介绍如何通过训练大脑来避免产生“不满”情绪。

用“知足法”降低幸福标准，不满情绪也会随之消失

不满源于自己和他人的比较。只要人们在日常生活中怀着“那人过得比我还好”“为什么他比我还有出息”等不满的想法，就会产生不满情绪。正是在日常比较中滋生了这些情绪，才更容易陷入恶性循环，变成一件棘手的事。如果不想被不满的情绪牵着走，就要在生活中有意识地避免和他人作比较，具体而言就是降低自己的幸福标准。

对于我来说，只要有饭吃，睡觉时有被子盖，有能够与之说笑的家人和朋友，就已经达到我最高的幸福标准了。如果能看到自己所做的工作给别人带来一点快乐，就会觉得无比幸福（当然我知道，很多人连这点幸福都得不到）。像这样一定程度地降低自己的幸福标准，大脑感觉到的不满也会相应减少。我把这种思考方法称为“知足法”。

就在不久前，我因肚子突然剧痛去了趟医院并接受了常规治疗，病因是好几日都没有通便。因而通便的那一刻，真的是我最幸福的时候了，我的内心没有愤怒、不安、不满、嫉妒和后悔的情绪，只是被难以名状的幸福感

包围，这让我深刻地感受到每天平平淡淡的生活状态有多么美好。如果问我有什么想说的，我只想说一句："谢天谢地！"吃饭的时候说一句"太棒了"，洗澡的时候感叹一句"太爽了"，睡觉之前说一句"太好了"，拧水龙头的时候再道一句"感谢"……就这样通过"知足法"，对所有事物都怀有感恩之心，拥有幸福的感觉，不满的情绪也会真的消失不见。

我在向大家介绍"阳转思考"的时候，举了一个往杯中倒水的例子：大家看到一个装了一半水的杯子后会怎么想？有人将目光放在了没有水的那部分，就会觉得"只有半"，也就是在看水杯的时候强调了消极的那一面；相反，另外一些人就会认为"杯中竟有半杯水"，因为这样的人时常关注事物的积极面，所以在生活中也保持着乐观的态度。

当我们看待一件事时，相比于认为自己还没有拥有什么，认为自己已经拥有得足够多了更能使我们获得幸福感。"知足"这个词可能会给人带来"必须忍耐"的印象，但实际并非如此。我觉得这是一种快乐的境界，"知道满足"，你就会发现人生中有许多快乐的瞬间。

看到有钱人，不要去想"真羡慕他有这么多钱，自己却囊中羞涩"，而要告诉自己"虽然不像他这么有钱，但自己也过得逍遥自在，幸福快乐"，仅此而已，内心就会变得丰富很多。降低幸福的标准，知道满足。只要做到这一点，就会大大减少因为不满而带来的负面情绪。

“知足”和“嘴硬”有什么不同

有人会说“知足那不就是嘴硬嘛”，可能“知足”的一部分含义确实如此。但我觉得就算是嘴硬也情有可原。人们有时候总会想：“别人这么厉害，能出人头地，自己却……”就算有人告诉你不要和别人比，你也会在不知不觉中暗自较劲。毕竟作为人，这都是无可奈何的事情。但比较之后不要抱有愤怒、仇恨等负面情绪，而是要告诉大脑：“那个人很有出息。虽然我没那么厉害，但我的人生这样也挺好的。”我在第四章中介绍的“这样就好法”也可以用来控制不满的情绪。

《伊索寓言》里有一个《狐狸和葡萄》的故事。高高的葡萄藤上长满了葡萄，狐狸跳起来想去摘葡萄，但试了好几次都没摘到。狐狸一边不屑地说着“反正这个葡萄也很酸”，一边转身离去。

虽然这个故事是在讽刺狐狸贬低葡萄价值的消极行为，但即便如此也没有关系。对于狐狸来说，如果想着“确实啊！那葡萄很酸的”就能让自己的心情变好的话，也未尝不可。或许又会有人提出异议：“那不就是嘴硬嘛？”但即便是嘴硬，如果能让自己的不满减少一点点，获得内心的平静，也不失为一个明智之举。

不过，只承认“这样就好”而不付出任何行动的不服输和我说的“嘴硬”有所区别。因为气馁才说“这样就好”的背后蕴含着“反正我怎么努力都不行”所以决定放弃的意愿。其实在“那个葡萄很酸，所以我不摘了”的想法中包含着“想吃更甜的葡萄”的上进心，也就是满足于“现在”的自己。并且，虽然“现在”的自己已经很优秀了，但还是愿意探索更精彩的世界。

我们可以以体育界的花样滑冰选手羽生结弦为例。他刷新了前所未有的滑冰纪录，并且还在冲向更高的境界。正是认可“现在”的自己，才想变得更优秀。相反，永远不满足于当下，只是一个劲儿幻想着“如果能这样就能获得幸福”的人永远也无法得到满足。

虽然想着“我得到A就能幸福了”，可一旦得到A了又会有B出现，于是又会感到不满，想着“如果我能得到B就能幸福了”，得到B之后又出现了C……不断循环，永远都无法感到满足。虽然当下的状态还存在不足，但如果能坦然地认为“自己的人生很棒”，这样就不会被不满的情绪左右，从而获得心灵的安宁。因为肯定了“现在”的自己，才会产生想要更进一步的动力。

记录心中的“感谢”“喜悦”“希望”，每天都会很满足

“知足”也意味着认可自己已经拥有的东西，即意识到值得心存感激的、高兴的、怀有希望的事物，其实你都已经“拥有”了。

可能有人会说“这些东西我一样都没有”，但真的如此吗？难道你真的未曾拥有？大部分人每天都能正常吃饭，在父母的呵护下长大，即使说着“我爸妈一点都不爱我”的话而活着的人，也一定得到过别人的关爱。每天上班路上的电车准点驶来，订阅的报纸按时送到，这些都是值得高兴的事。

生活在日本这个国家是一件令人感恩、值得高兴和心怀希望的事。晚上一个人走在路上基本不会有人来袭击你；不会有枪弹飞来打中你；拧开水龙头就能喝到干净的水；走进厨房就能立刻启动灶台，做上一顿可口的拉面。其实我们已经得到了很多恩惠，对于这些恩惠，我们都要心存感激、满怀喜悦和希望。这绝不是漂亮话，因为这样想能让我们过得更加幸福。

我们总是把目光放在怎么也无法满足或“自己没有”以及不满的地方，然后一个劲儿地抱怨。如果让大脑一直保持这样的状态，一辈子都会陷入无尽的不满中。因此，既然容易把目光放在“自己没有”的地方，就可以试试把身边值得感谢、高兴和抱有希望的事情一件件找出来。

我有一个朋友，每天早上，都会把在上班路上看到的美景、收获的快乐和感动的瞬间用手机拍下来，然后在坐电车的时候看着照片做笔记，这样持续了好几年。于是他的脸书上都是令他快乐和感动的事情，我们能感受到他的人生非常丰富多彩。

还有一个朋友，在每晚睡觉之前，都会在手账上记录当天发生的一件令他感到快乐、受到感动或觉得满足的积极的事情。这样一来，他每天都能快乐度过，以后回顾过往，看到手账上记录的“这一天很快乐”“这个月很充实”时，内心也会变得丰富起来。我觉得这是一件极好的事。

经过这样的训练，大脑就会无意识地寻找可以感谢、值得高兴和心存希望的事物，人们每天都能过得充实且满足。

用“禁止说不行和太难法”约束自己

面对烦恼和困难，有的人会选择用“不行”或“太难”当作借口排解苦闷。因为这些人一开始就觉得自己做不到，害怕处理烦恼和解决困难时遭遇失败，所以为了避免自己受到伤害，就会拉好预防线，告诉自己“看吧，果然”“意料之中”。“不行”这个词只是表达对当下状况不满的另一种说辞罢了。每当说出“不行”的时候，不满的情绪不会消失，现状也不会发生改变。

解决这个问题的方法就是相信“车到山前必有路”。我在前面举了一个我自己的例子，当我无法从北海道飞回东京的时候，我并没有放弃，最后找到了回去的方法。因此，只要告诉大脑“我能行”，大脑就一定能找出解决办法。

再举一个我朋友的例子。他经营着一家企业，有次为了节省成本，他决定重新整理库存，便召集了各个营业部门的负责人，并告诉他们要减少三成的库存，结果大家都回答“不行”。我朋友听到后很生气地发话：“三成不行，那就减少七成。”

各位负责人听了都很震惊，然后他带着负责人们来到仓库，对着面前的货物发出指令："这个商品要从100件减少到30件，那个从50件减少到15件，把多出来的货物全部卖到批发商那里去。"虽然负责人们都担心万一库存不够来不及补充，但这种"万一"的情况并没有发生，大家都事先做好了准备，十分顺利地将库存减少了七成，最终顺利节省了很多成本。

只要说出"不行""很难"，不满的情绪就永远无法得到化解。相信自己做得到，探索解决问题的方法，这样一来大脑就能找到一条出路。大家也试试用"禁止说不行和太难法"来约束自己，不断训练大脑吧。

探寻积极的“情感表达词”并说出来

如果能训练大脑有意识地使用积极的“情感表达词”，不满的情绪也会实实在在地减少。比如“太棒了”“好激动”“好开心”“太赞了”“真幸运”等积极的“情感表达词”。

在日常生活中，我们都要训练大脑，当它感觉到一点点愉快的情绪时，就要毫无保留地使用“情感表达词”，一边细细品味自己内心产生的每一种情绪，一边陶醉其中，将喜悦的心情一口气说出来：吃饭的时候不要默默咀嚼，而是要一边称赞“真好吃”“太棒了”，一边享用食物；洗澡的时候也不要忘了表达“啊，太舒服了”；路边的花开了，也可以感叹一句“真漂亮啊！”。

第二次世界大战爆发的时候，很多犹太人被抓到了奥斯维辛集中营。维克多·弗兰克尔的著作《追寻生命的意义》就记录了他在奥斯维辛集中营里的经历。他被送进奥斯维辛集中营后，九死一生。据他所说，能活下来的人都有一个共同点，就是直到最后一刻都不放弃对未来的希望，并且不论遇到多么残酷的状况，都不曾忘记身而为人的初心。

作品中有这样一幕，是某天大家看到夕阳美景时的情节。结束了一天强制性的苦力工作后，大家都精疲力竭地回到床上休息。就在这样极度疲倦的情况下，有人注意到了美丽的夕阳，并发出了赞叹。尽管集中营里的生活很残酷，但依然有人沉醉在夕阳的美景中，说出“好美”等“情感表达词”。

一个人只要有一颗能够发现美好的心灵，并且能用丰富的“情感表达词”表达积极的情绪，就能从人生中获得更多的喜悦，更会拥有强大的生存动力。

还有一则关于南非前总统纳尔逊·罗利赫拉赫拉·曼德拉的奇闻轶事。他在监狱中被关押了大约30年。在他为鼓励自己而创作的诗篇中，有这样一则：“我，是我命运的主宰；我，是我灵魂的统帅。”即使被关在三张席子大小的狭窄的监狱里，干着苦力活，曼德拉也认为“我是自己人生的指挥官”。只要这么去想，就能改变艰苦的处境。

如何为人生增添色彩取决于人生的主人公，也就是“我”。在日常生活中，是一直把“不满”挂在嘴边，还是说出“好漂亮啊”“太美了”这些积极的“情感表达词”，选择权都在自己手里。总将“不满”挂在嘴边，负能量就会增加，经常说出积极的“情感表达词”，生活中就能充满快乐的能量。

决定权在自己手中，那么大家的选择是什么呢?

充分品味“悲伤”和“寂寞”

我们应该通过说出积极的“情感表达词”来充分品味积极的情绪。那么，面对悲伤、寂寞、无力感等消极的情绪时又该怎么办呢？

我认为，如果你产生了这些消极情绪，也要仔细品味它们。如果你自己产生了消极的情绪却对其视而不见，将它封闭在心底，这些情绪永远不会消失。

比如公司中一位与你关系很好的同事退休了，如果你因此感到悲伤和寂寞，就深切地品味这些情绪，用“好难过啊”“太寂寞了”“再也见不到了啊”这样的话语把你的情绪表达出来，而不要后悔“那时候这么帮你就好了”，或者愤怒地想“留下我一个人，不可原谅”，抑或是担心“以后我们这些员工怎么办”等，避免增长其他的负面情绪。

品味悲伤和寂寞的情绪后，就要调整心情，继续勇往直前地生活。一直念叨着“悲伤”和“寂寞”，深陷其中而无法自拔，严格来说是毫无意义的。调整心情虽然很难，但可以利用我在第二章介绍的“灵魂出窍法”，脱离自身的立场，客观地看待自己。这样一来，就能摆脱陷入负面情绪深渊的状态。

随着年龄的增长，不得不放手的事情也会越来越多，就算难过也没有用，我们要明白天下没有不散的筵席，这就是人生，必须这样活下去。人生就是一个不断失去的过程，但就是因为会失去，这一切才会变得珍贵、无可替代。人不可能长生不老，也无法拥有一切。正因为人生是有限的，所以我们才要活得开心，过得精彩。关键之处就是要训练大脑。

世上还有很多的快乐
等着你去挖掘

第七章

进一步增长积极的情绪

获得金牌的喜悦能持续多久

前面六章学习了当产生消极情绪的时候，我们应该如何训练大脑来控制它们。最后一章，我想介绍如何通过训练大脑，增长快感（喜悦、快乐等）的积极情绪。如果能在控制消极情绪的同时增长积极情绪，人生一定能变得更加丰富多彩。

人类可以通过提升经济实力或者提高社会地位来获得幸福。因为大脑是根据追求“愉快”、避免“不快”的机制运行的，我们采取的所有行动也是为了追求“愉快”、避免“不快”，所以我们能树立梦想和目标，然后朝着其拼命努力，当梦想和目标变成现实时，愉快的感觉就到达顶峰，但这些快感总有一天会消失，经过多久快感会消失呢？这取决于事物的性质，快一点的话，十秒左右快感就会消失殆尽。在这之后，我们该怎么办？

我曾经帮奥运会运动员做过精神训练。运动员在获得金牌的瞬间非常高兴，会情不自禁地呼喊着：“太棒了！”但要说这份喜悦能保持多久的话，出乎大家意料，大概只能保持到当天晚上。我以为这份快感至少能保持到运动员坐上回日本的飞机，然而运动员告诉我："并非如此。"也有运动员会马上冷静下来，反思道："这就是自己追求的梦想吗？"其实，实现梦想本身并不是一件快乐的事，追逐梦想时的激动心情才是真正令人愉悦的。

我以前很喜欢音乐，总想着什么时候能自己创作交响乐曲，梦想着在三得利音乐厅指挥乐队演奏自己创作的曲子。既然怀着梦想，我便实实在在地为实现梦想制订了计划。然而，我创作出来的曲子都太普通了，想要在古典音乐的殿堂——三得利音乐厅演奏实属无稽之谈。即便如此，我还是寻求各方帮助，准备了整整一年，终于实现了梦想。

演出当天，我面对着三得利音乐厅里的2000名听众，指挥着整个管弦乐队。演奏完毕，当我看到全场听众起立鼓掌、热烈欢呼的样子时，难以名状的感动涌上心头。也许很少会有一个门外汉在三得利音乐厅指挥着70人的管弦乐队，演奏自己创作的交响乐曲吧。演出结束后，我内心的感动持续了十来天。

不管多努力，我都觉得自己所做的事再也不会超越在三得利音乐厅演出时所达到的人生巅峰了，当实现了这个梦想后，我的生活中就再也没有出现过比那更令我感动的事情了，对音乐也提不起兴趣，即便再想创作新的曲子，也完全提不起精神。过了一段时间后，我便对音乐敬而远之了。

借此我想告诉大家的是，从大脑的运行机制来看，认为实现了梦想或者得到了想要的东西后就会觉得幸福的观点其实是片面的。

很多日本人都憧憬着退休后能去夏威夷生活，但他们真的到了夏威夷之后，就会发现现实和理想的差距很大。日本人的交际范围很窄，夏威夷当地的人际关系又复杂，大部分日本人很难适应那里的生活。像这样因为梦想实现反而导致负面结果的情况也时有发生。

我们可以发现，当梦想实现后，无论多么快乐都不会永远持续下去，一定会慢慢减少并且可能还会带来超乎想象的消极影响。因此，认为梦想成真就能获得幸福的想法其实是片面的。

喜悦来自自己喜欢的东西。可能有人会质疑，既然实现了梦想都不能维持幸福，那我们的人生不就没有幸福了吗？实则不然。

“快乐”源于自己“喜欢的东西”

热衷于打网球的人能够通过打网球获得快乐，关爱家人的人和家人待在一起时就会觉得开心，热爱工作的人能够通过工作来获得愉悦。这就是大脑的运行机制。

我在第一章提到过自己喜欢打乒乓球，所以在打乒乓球的时候就觉得非常快乐。顺带一提，我的爱人并不是乒乓球爱好者，所以如果我找她打乒乓球，她都会拒绝我。就算我和她说：“为什么不打呢？可有意思了。”她也会回答我一些无厘头的话：“这么小的球，麻烦死了。”

回到刚才的原理，从大脑的运行机制来看，认为达成某个目标就能幸福的看法其实是片面的。但如果在达到目标之后能一直好好地重视自己的收获，把它变成自己喜欢的东西，快乐就能持续下去。反之，你不喜欢的东西是无法给你带来快乐的。喜欢历史的人在学习历史的时候就会特别兴奋，但如果是讨厌历史的人，也许一丝快乐都感觉不到。

了解了这个原理之后，大家有没有一种想试着去喜欢任何事物的冲动呢？

如果心里想着“这个人太讨厌了”，那么这个人就永远无法成为自己喜欢的人。如果能下定决心，想着“我要喜欢上这个人，我要寻找他的优点”并如实去做的话，那么对讨厌的人也能产生喜欢的情感。

总之，我们要明白，如果想让自己过得幸福，就要按照“热爱它”的基本原则去对待这些事物。如果热爱自己的工作，就能从工作中获得愉悦。如果热爱身边的人，就能从身边的人身上得到快乐。假如你设定了一个目标——“只要达成这个营业额”就好，即使随后朝着目标咬紧牙关地拼命工作，也只能在达成营业额的那一瞬间感到快乐，这份快乐就会如我多次提到的那样转瞬即逝。

生活幸福的人不会按照这样的想法去行动。我们的生活不是只有“现在”这一瞬间，只要热爱眼前的事物，就能从“现在”获得快乐，不断积累“现在”才能获得长久的幸福。不是朝着目标咬紧牙关，痛苦地工作，而是一边为了实现目标而努力，一边享受眼前的工作，热爱它，重视每一分、每一秒才是最重要的。

这样一来，你所重视的事物也会以“快乐”回报你。快乐源于把你所面对的事物放在心上，不快乐是因为你还不够重视它，之所以觉得工作无聊是因为你的心里压根就没有工作。只有把它放在心上，才能从中获得快乐。

用“音响增幅法”获得更多的快乐

收获的快乐越多，生活就会越幸福、越精彩。因此应该训练大脑，通过增加真心喜欢的事物获得更多快乐，就像把“快乐”放在音响上，有意识地调大音量。

我们经常能记得令自己讨厌和不满的消极事物，却会在转眼间忘记令自己快乐和满意的积极事物。这是生物的防卫本能，是自然而然的。如果记不住这些令自己讨厌和不满的消极事物，生命就会受到危险的胁迫，因此人类对于快乐的事物总是转眼就忘。

这就像将吉他连上音响设备以此增大吉他的音量一样，通过有意识地增大快乐的幅度以增加大脑中快乐的能量，我把这种方法叫作“音响增幅法”。

比如在吃饭的时候觉得饭菜好吃，就边吃边说“这个太好吃了”，快乐的情绪就会增加。泡澡的时候也不要一下子进浴缸，而是要一边感叹“太舒服了”，一边慢慢地跨进去。要训练大脑在我们采取每一个行动的时候，都有意识地去感受其中的快乐，然后细细品味。

原本人类的感官在面对积极事物的时候就会表现得很

迟钝，明明对坏事能够立马做出反应，却不会察觉一些小愉悦、小欢喜。因此我们要集中精力去品味、去发现，只要训练大脑将精力集中在某件积极的事情上，快乐就能加倍。

我经常训练大脑来调动五感，即视觉、听觉、嗅觉、味觉、触觉，把精力集中在自己热爱的事物上。即使是随便穿了一件衣服，心里想着“今天穿的衣服有点舒服”，也会训练大脑抓住这种舒适的感觉，把精力集中在穿衣的感觉上，于是就会觉得更舒适了，快乐立刻加倍。

我有一个男性朋友独自到外地赴任，下班后就一个人吃火锅、喝啤酒，看起来会让人觉得这真是寂寞单身男人的生活状态。但是他一边涮着火锅一边说着“好吃，好吃”，然后痛饮一口啤酒，感叹一声“太爽了！”。比起安安静静地吃火锅，这样通过“音响增幅法”让快乐加倍，绝对能让火锅吃起来更美味，而且每天都能过得开开心心。

虽然只是一个小小的举动，但是通过这个举动让快乐加倍，在不断积累快乐之后，人生也会大变样。在让快乐加倍的时候，我还要提醒大家注意一点，那就是不忘初心。

首先我来解释一下何谓初心。当我们开始做一件事的时候，很少会立刻感到快乐、欣喜。新社员入职公司后，也是从最基本的工作开始做起，需要记住很多事情，也会经历很多次失败，根本没有时间感受其中的乐趣和令人喜悦之处。但辛勤工作两三年后，我们就会通过自己的方式发现工作的乐趣。对于体育运动和演艺事业来说也是一样，刚开始起步都是艰难、痛苦的，但在不断努力的过程中逐渐进步，感到“的确开心”，“快乐”的时光也会慢慢增多。其实“初心”就是指在奋斗道路上感到快乐的时光。

世阿弥的著作《风姿花传》是一本介绍能乐技艺的秘传书，其中却也有着关于“不忘初心”的记载。

当顺利地做成一件事，达到专业的水平后，人们就会觉得拥有这份能力是理所当然的，“初心”的快乐和欣喜也会被忘得一干二净。我们之所以感到快乐，并不是因为我们掌握了什么技能或者达到了什么目的，我强调了很多次，这样的快乐是转瞬即逝的，人生的幸福并不在于达到这样快乐的顶峰。

目的是获得的“快乐”，目标是成功的“影像”

人生需要树立目的和目标。没有终点、漫无目的地奔跑和有明确目的地奔跑，在动机和成就感方面存在天壤之别。人们如果有了最终“目的”和“目标”，就会以积极的心态鼓舞自己，从而产生前进的动力。

话说回来，大家知道“目的”和“目标”有什么区别吗？

极端地说，“目的”就是为了什么而行动的理由，而“目标”是对于结果达成的设想和影像。比如，运动员将获得奥运会田径男子100米竞赛的金牌定为自己的“目标”，所以就能生动地想象自己登上领奖台的样子，而“目的”相对抽象，如果是运动员，其目的可能是挑战自己的能力极限。

也许你很难像设定“目标”一样对“目的”进行明确的设想，但真正的“目的”会使你在想到它的时候，内心自然地涌起成功后的喜悦情绪。

政治家经常说：“我的目的是让人民过上幸福的生

活，为此我会拼命努力。”如果他的脑海中能浮现出人民安居乐业的样子，并真心为此感到快乐的话，也就能证明他所说的的确是他的目的。但如果这只是他为了在选举中获胜而给自己找的说辞，那么他的内心就不会产生喜悦的情绪，也就是说，他所说的并不是他真正的目的。

我们往往会把“目标”和“目的”混为一谈，忘记快乐。经常只树立“目标”而忘记确定“目的”。这样一来，就无法获得达成“目的”所能带来的快乐，觉得“目标”也只是一种责任与义务而已。

比如公司给你安排了一个数值目标，告诉你“这是你的工作定额”。如果你只是以这个数字作为“目标”，你在工作的时候也会被一种责任感牵着走。每当这个时候，你就需要想一想你的“目的”是什么，也就是为什么要做这些工作。可以设定一些能获得巨大快乐的“目的”，比如“做这项任务能让客户满意”“宣传这个商品可以为社会做贡献”等。只要明确了“目的”，就能想象是为了“目的=快乐”而去达成那个数字，于是就能自发并开心地完成工作。

为了能让富士山被列为世界遗产，我曾开展了许多活动。可事实上，在工作的初始阶段我也没有明确的目的，只是受社长朋友所托，为了让富士山成为世界遗产这个“目标”而努力。

非要说我有什么目的的话，那就是“因为受社长所托，所以想满足他的期待”这一浅薄的意愿，我的内心丝毫没有足以为之感动的喜悦之情。但在任务进行过程中，我开始改变想法：“富士山是日本的骄傲，让它被列为世界遗产是为了全日本的利益，因此我做的努力也是为了全日本。”在这之后，每当我想到富士山时，内心就会充满喜悦，为实现让富士山被列为世界遗产这一“目标”的奋斗动力也在不断增加。“目的”明确之后，对“目标”的设想也越来越清晰，并且，我开始朝着目标不断加速推进这项工作。

“目的”就是“为了什么而做这件事，能给我们带来快乐”。为了实现它，可以通过列数字或描绘形状等，尽可能具体地设想“目标”。这样一来，就能快速提升干劲，自己也能开心地为实现“目标”而努力。不可思议的是，自己身处的环境也会朝着有利于自己实现“目标”的方向发生变化。

训练大脑的时候，明确“目的”和“目标”，行动的时候记得感受其中的快乐，这是激活大脑性能最有效的方法。

没有马上明确“目标”的影像也无妨

设定了能带来愉悦情绪的“目的”之后，就需要树立用来实现“目的”的具体“目标”。“目标”越具体，就越容易实现。

据说，获得雅典奥运会马拉松比赛金牌的选手野口瑞希，在电视上看到运动员高桥尚子在悉尼奥运会上获得胜利的新闻时，觉得自己也可以成为像高桥尚子那样的人，便下定决心挑战马拉松。不言而喻，野口瑞希的“目标”就是在奥运会上夺得金牌。因为“目标”清晰、具体，最后野口瑞希通过努力也如愿夺得了金牌。

但在我看来，其实很少有人能像野口瑞希一样设想具体的“目标”。大部分人在刚开始的时候都不能具体地想象自己的“目标”。即使努力、具体地想象，也只会形成一个很模糊的目标。但如果能一次次地告诉大脑“我想做这个”“我想变成这样”，想象“目的”实现之后的情形，并仔细感受实现“目的”所带来的快乐，脑海中就会奇妙地产生灵感，设想的“目标”也会越来越清晰。

创立京瓷株式会社的稻盛和夫说过，刚开始看到的

“目标”景象可能只有黑白色，但如果内心怀着强烈的愿望，景象会越来越清晰，最后就能清楚地看到色彩斑斓的景象。如果看到清晰景象的同时还产生了愉悦的心情，就可以算是成功地激活了大脑。人类的大脑是无法区别现实和幻想的，因此，在大脑的理解中，“目标”最终能变得像现实一般展现在眼前，这就是我们经常说的“对于梦想要构思出具体事情”的原因。

当我决定在三得利音乐厅指挥乐队来演奏自己创作的交响乐时，最开始也只能想象出空荡荡的音乐厅，但反复设想后，我仿佛听到在演奏结束的一瞬间台下响起的掌声，我一回神，看到场内座无虚席，听众都在为我喝彩。这一幕在我的脑海里愈发清晰。不可思议的是，随着设想愈发清晰，相应的合作伙伴也逐渐出现在我眼前。当我只想着得到“1”的时候，就会出现只拥有这个“1”的人；而当我强烈地希望得到“100”的时候，就会出现拥有这个“100”的人助我一臂之力。通过这次经历，我更加深信，只要我的设想越明确，我离实现愿望就越进一步。

在这个过程中，我结识了很多从未接触过却能帮助我的人。深入自己的内心，然后明确目标，就一定会遇到与自己志同道合的人。

梦想没有实现只是因为自己的意愿还不够强烈，没有出现能帮到自己的人。就算最初没有领会这个方法也要坚持梦想，拥有强烈的意愿很重要。

为他人带去幸福，你也能获得幸福

我们是为了获得幸福而活着。

所谓幸福，就是感到快乐。尝到美食、受到表扬、看到美景、得到收入等，都能让人感到快乐。但人类最大的幸福是为他人带去快乐，这不是冠冕堂皇的话。如果自己的存在能够对别人或者社会起到作用，实现这份人生价值，自己就能获得巨大的快乐。因此，只要在自己的“目的”和梦想中加入“帮助他人”的因素，就能获得更多的快乐。当然，想品尝美食、过上富豪的生活都是了不起的梦想，但如果能再将“他人的快乐”融入其中，自己的快乐就会加倍。不可思议的是，追逐梦想的动力也会随之加倍。

运动员亦是如此，对手越强，他们就会越重视自己和教练、领队以及亲人之间的关系。因为他们明白，一旦这些关系恶化就会影响自己的发挥，而努力奋斗所获得的优异成绩能给身边的人带去快乐。只要用心处理这些人际关系，就能发挥出自己最好的水平。

我们工作的时候也不能仅仅为了工资和职业发展而奋

斗，还要告诉大脑，自己是为了他人、为了世界而努力。坚持一段时间后，我们就会发现不仅自己的工资上涨了，职业发展也步入了正轨。不要把工资和职业发展放在第一位，而是要为了快乐去工作，这样就能收获更好的成果。

这已经是类似于方程式的道理了，我希望大家可以按照这种方法去训练大脑。

不幸的人总是一味地向别人索取，整天想着“这种环境什么都给不了我”“我什么也没有得到”“我能拿的钱再多一点就能更幸福了”，而不会去思考自己能为他人做些什么。因为不会有人一直为这些人无私奉献，所以他们才会感到不幸。正如在佛教中有向穷人乞食，多结善缘的说法。

多思考一下自己能给别人带去什么，为别人做些什么，为社会做什么贡献。只要我们把重点放在给予上，把精力集中在给别人带去快乐上，自己就能变得快乐。这样的人生才是幸福、成功的。

现在，我们可以问问自己，接下来要做的这件事能否给别人带去快乐，能否让他人的脸上绽放笑容。

突破自我的快乐能让你获得巨大成长

世间万物每天都在变化。松下幸之助认为一切事物都处于无限的生长与发展之中，进化与发展是世间万物生存的动力和基本法则。

就大脑的机制而言，发掘未曾了解的领域，领悟没有掌握的技能就是一种发展，也是一种乐趣。人类经历出生、成长、进步的过程本身也能成为一种快乐。但在生活中，总会出现一些事物阻碍这些快乐的产生，也就是所谓的“界限”或“壁垒”。

比如一个人目前已经能达到10的程度了，但想尝试达到11的时候却受到了“界限”的阻碍，不管努力多少次都以失败告终。于是，大脑为了避免产生这种“不快”，会发出指令，认为达到10就够了，这就是“界限”或“壁垒”。如果这个人此时停下脚步，那么他就永远只能达到10的程度，但要是能够继续挑战，他就会在某一天豁然开朗，取得成功。那时候产生的“快感”，正是一种因为取得突破性进步而激发的喜悦之情。获得这种快乐的体验与认为“达到10就可以”的体验有着天壤之别。

我以前健身的时候能举起80公斤重的杠铃，但无论如何也举不起82.5公斤重的杠铃，只不过相差了2.5公斤。在教练的帮助下，我试着屏住呼吸向上举起82.5公斤重的杠铃，这样痛苦的训练坚持了好多次，仍旧无法只靠自己的力量举起82.5公斤重的杠铃。但我并没有放弃，一遍又一遍地发起挑战，突然有一天竟一口气举了起来，这让我惊喜万分。从那天开始，我也能举起82.5公斤重的杠铃了，接下来就是挑战85公斤。只不过在此过程中又会出现一道壁垒，需要我继续突破。不管做什么事情，只要挑战自己当下感到棘手的难题并突破界限，就能获得成功。

大家是想成为满足于举起80公斤重的杠铃的人，还是做个勇于挑战85公斤、突破自己界限的人呢？不同的选择会带来不同的人生。能够经历突破并获得快乐的人，做任何事都有可能取得成功。就快乐而言，如果人类的大脑能挑战界限，深入未知的领域，就能获得巨大的快乐。

在这个世界上，我们未知的领域是无限的，换句话说，快乐也是无限的。在这个用一辈子去追求也依然有数不尽的快乐和幸福在等着你的世界上，你是想活在自己设定的“到此为止”的“界限”里，还是不断进步，冲破壁垒呢？选择权在你的手中。

结　　语

大学毕业后，我想从事社会教育的工作，于是加入了松下政经塾。27岁的我作为一名私塾生，创立了企业教育研究所并开始开展各种活动。因为研究所经营得还算顺利，当时的我有些得意忘形，之后因为不够谨慎加入了一个大项目，结果赔得血本无归。一无所有的我立志必须从失败中站起来，每天奔波于各地，忙得不可开交。那时候，一个牧师朋友告诉我："现在的你掉进了一个油罐，越挣扎陷得越深，所以你现在什么都不要做，等着慢慢浮上来吧。"

我这才恍然大悟，就算心里再怎么着急，情况也不会好转。接下来，我便什么也没做，静静地等待着。虽然有段时间我陷入了绝望的深渊，但每天还能吃上饭，有地方住，有温暖的床可以睡，还有朋友的关心和问候，总算慢慢觉察到了属于自己的幸福。对此我感到很庆幸，不再抱有"这下我的人生都完了""人生一片黑暗""信用也没了，一切都完了"的消极情绪。"天无绝人之路"，终于有工作的橄榄枝陆续向我抛来。我很感激当时有人愿意把工作委托给我。半年之后，我突然发现自己又回到了原来的工作状态，也有越来越多的人找我帮忙。

这段经历使我明白，不能过多地抱有消极情绪，就算失败也并不意味着一无所有，只要活着就有挽回局面的机会。懊悔、焦虑和不甘的消极情绪只不过是大脑的脑电波信号，不要被这些连实体都没有的情绪左右，摧毁了自己的当下和未来。

这本书介绍了通过训练大脑避免让自己被消极情绪左右，并且增长积极情绪的方法。希望大家在遭遇挫折或步步高升的时候能想到这本书。

最后，我要送给大家一个能够保持阳光心态的秘诀。

当别人说着“多亏你帮了我的大忙”“真的太谢谢你了”的时候，人们一般都会虚心地回复“不不不，也没帮到你什么”或是“没有没有”。下次可以试试换种方式，面带微笑地回答：“看到您这么开心，我也很高兴。我要谢谢您才是。”品味他人的快乐瞬间就是人生最幸福的事，大家也一起感受一下吧。

谢谢大家读到了最后。另外，本书能出版，承蒙太阳标志出版社黑川可奈子和作家辻由美子的关照，再次向二位表示由衷的感谢。

2016年9月

小田全宏